高职高专计算机教学改革 新体系 教材

C 语言程序设计

（第4版）

鞠慧敏　主　编

李红豫　梁爱华　副主编

U0198011

清华大学出版社

北　京

内 容 简 介

本书第1版于2008年出版，是普通高等教育"十一五"国家级规划教材，荣获"2011年北京高等教育精品教材"和"2009年高职高专计算机类专业优秀教材"称号。本书力求突破高职高专旧的教学限制，用全新的方法组织编写。本书始终以应用为目的，从应用入手，采用了任务驱动方式。书中内容讲授精练，循序渐进，重点突出，易于理解。本书将公交一卡通管理程序作为贯穿全书知识点的实例在各章中分别介绍，使学生尽早体会较大程序的编写过程。全书共8章，分别是C语言基础与顺序结构、分支结构、循环结构、数组、指针、函数、结构体和文件，各章提供讨论题、思考题、上机练习和自测题。

本书还提供免费的授课素材，包括电子教案和全书的源代码。全书程序的运行环境是Visual C++ 6.0，在附录中另外介绍了Visual C++ 2010环境。

本书主要针对C语言零起点的高职高专学生和自学者，也适合C语言的初学者学习。

本书封面贴有清华大学出版社防伪标签，无标签者不得销售。

版权所有，侵权必究。举报：010-62782989，beiqinquan@tup.tsinghua.edu.cn。

图书在版编目（CIP）数据

C语言程序设计 / 鞠慧敏主编 . —4 版 . —北京：清华大学出版社，2021.7（2024.2重印）
高职高专计算机教学改革新体系教材
ISBN 978-7-302-57760-7

Ⅰ . ① C… Ⅱ . ① 鞠… Ⅲ . ① C 语言 – 程序设计 – 高等职业教育 – 教材 Ⅳ . ① TP312.8

中国版本图书馆 CIP 数据核字（2021）第 050757 号

责任编辑：颜廷芳
封面设计：常雪影
责任校对：刘　静
责任印制：宋　林

出版发行：清华大学出版社
　　网　　　址：https://www.tup.com.cn，https://www.wqxuetang.com
　　地　　　址：北京清华大学学研大厦 A 座　　　　邮　　编：100084
　　社　总　机：010-83470000　　　　　　　　　　邮　　购：010-62786544
　　投稿与读者服务：010–62776969，c-service@tup.tsinghua.edu.cn
　　质量反馈：010-62772015，zhiliang@tup.tsinghua.edu.cn
　　课件下载：https://www.tup.com.cn，010-83470410
印 装 者：三河市铭诚印务有限公司
经　　销：全国新华书店
开　　本：185mm×260mm　　　印　张：17.25　　　字　数：392 千字
版　　次：2008 年 3 月第 1 版　　2021 年 7 月第 4 版　　印　次：2024 年 2 月第 5 次印刷
定　　价：49.00 元

产品编号：091780-01

前　　言

　　编者在围绕"教师方便教，学生容易学"主题开展的一系列探索与实践活动后，以 C 语言程序设计零起点学习者作为主要对象编写了本书。本书于 2008 年出版了第 1 版，入选普通高等教育"十一五"国家级规划教材，并荣获"2011 年北京高等教育精品教材"和"2009 年高职高专计算机类专业优秀教材"称号。

　　随着《国家职业教育改革实施方案》的发布，职业教育在教育改革创新和经济社会发展中的作用更加突出，深化职业教育改革，推进职业教育高质量发展，是国家对职业教育的根本要求。教材是教学内容的重要载体，随着职业教育教学改革的推进，对相应教材的要求也越来越高。为了写出独具一格的、体现高职高专教育新理念和教学特点的教材，我们本着体系得当、循序渐进、分解难点以及通俗易懂、例题丰富、易于理解的原则，选择典型任务作为切入点，在编写此书的过程中力求做到从实际到理论、从具体到抽象、从个别到一般、从零散到系统，注重培养学生的学习能力、工作能力和创造能力。

　　本书具有如下特点。

1．精简教学内容

　　考虑到各学校的课时限制和高职高专学生的实际情况，内容上不贪多求全，合理舍去不常使用的内容，但对于 C 语言的基本内容予以细致地介绍，做到重点突出、易于理解。

2．采用任务驱动方式组织内容

　　以"应用为目的，从应用入手"的原则，贯彻 OBE 教学理念，将各章所讲授内容按任务驱动的方式组织，并在实现其任务的过程中逐步引进新的知识点。对于每个任务通过"问题提出→编程思路→程序代码→运行结果→归纳分析"等步骤分步完成。

3．教学难点适中，增加趣味性

　　采用简单易懂的实例降低教学难度，强调实用性和趣味性，激发学生的学习积极性，并使学生在解决问题的过程中获得成就感，对学习有信心。力求把复杂的问题简单化，采用生动活泼的风格和语言讲授所有内容，因此本书也适合初学者自学。

4．强调学习方法

　　只看懂别人的程序或只运行现有的程序是永远学不会编程的，为了使学生通过有限的实例学会解决新问题的方法，本书对每一个任务或实例首先给出编程思路，再给出解决的方案，并进行了归纳与分析，从而起到举一反三的作用。

5．融入课程思政理念

在介绍 C 语言程序设计知识与编程思路的同时，本书注重挖掘内容、案例与解决方案中蕴含的思政元素，有意识地融入理念与方法的教育，将思政教育渗透到教材内容的设计中，使学生在提升程序设计能力与逻辑思维能力的过程中，发展做人、做事的能力。

6．举用实例贯穿整个知识点

将公交一卡通管理程序分为七部分（分散在各章）介绍，各部分程序随着讲授内容的增多而逐步完善，用此方法可使学生明确学习目标，尽早体会较大案例程序的编写过程。

7．配套资源丰富

书中提供的讨论题和思考题以及丰富的动画电子教案有利于培养学生的实践能力和创新精神，同时还可加强课内教学互动，各章最后提供的自测题及参考答案，可使学生及时了解自己的掌握情况。本书提供的免费素材包括电子教案和全书的源代码，全书的程序均在 Visual C++ 6.0 环境下运行通过。附录中提供了编译程序时的常见错误及警告的中英文对照与分析表，并补充介绍了 Visual C++ 2010 环境。

全书由鞠慧敏担任主编和统稿，李红豫、梁爱华担任副主编，崔武子担任主审，谢琛参加了部分内容的编写工作。

写一本书不容易，写一本好书更不容易，虽然我们尽力写好有高职高专特色的优秀教材，但限于编者水平有限，书中难免有不足之处，恳请读者批评和指正。

编　者

2021 年 3 月

目　　录

第 1 章　C 语言基础与顺序结构 ……………………………………………… 1
　1.1　认识 C 语言程序 ……………………………………………………… 1
　　1.1.1　了解 C 语言程序的构成 ……………………………………… 1
　　1.1.2　熟悉主函数框架 ……………………………………………… 3
　1.2　合理选用数据类型 ……………………………………………………… 7
　　1.2.1　合理选用整型数据 …………………………………………… 7
　　1.2.2　合理选用实型数据 …………………………………………… 8
　　1.2.3　合理选用字符型数据 ……………………………………… 10
　1.3　学会使用常用运算符 ………………………………………………… 11
　　1.3.1　学会使用算术运算符 ……………………………………… 11
　　1.3.2　学会使用赋值运算符 ……………………………………… 13
　1.4　学会控制输入 / 输出数据 …………………………………………… 14
　　1.4.1　使用格式输入 / 输出函数出加法题 ……………………… 14
　　1.4.2　单个字符输入 / 输出函数的使用 ………………………… 15
　1.5　画顺序结构的流程图 ………………………………………………… 16
　1.6　贯穿教学全过程的实例——公交一卡通管理程序（1）………… 17
　1.7　本章总结 ……………………………………………………………… 19
　思考题 ……………………………………………………………………… 21
　上机练习 …………………………………………………………………… 21
　自测题 ……………………………………………………………………… 21
　自测题参考答案 …………………………………………………………… 23

第 2 章　分支结构 …………………………………………………………… 24
　2.1　if 语句 ………………………………………………………………… 24
　　2.1.1　学习使用关系运算符和 if 语句 …………………………… 24
　　2.1.2　认识省略 else 的 if 语句 …………………………………… 26
　　2.1.3　学会使用逻辑运算符 ……………………………………… 29
　　2.1.4　学会使用嵌套的 if 语句 …………………………………… 31
　　2.1.5　学会使用 if…else if 形式的嵌套 if 语句 ………………… 33
　2.2　switch 语句 …………………………………………………………… 35
　　2.2.1　认识 switch 语句 …………………………………………… 35

　　　2.2.2　多个 case 语句相同情况的处理 ……………………………………… 38
　　　2.2.3　用 switch 语句的技巧计算分段函数的值 ……………………………… 39
　2.3　用条件运算符转换大小写字母 …………………………………………………… 41
　2.4　程序举例 …………………………………………………………………………… 42
　　　2.4.1　掌握三个数中求最大数的方法 …………………………………………… 42
　　　2.4.2　掌握三个数排序的方法 …………………………………………………… 42
　　　2.4.3　熟悉菜单设计操作 ………………………………………………………… 43
　2.5　贯穿教学全过程的实例——公交一卡通管理程序（2）………………………… 44
　2.6　本章总结 …………………………………………………………………………… 46
　思考题 …………………………………………………………………………………… 47
　上机练习 ………………………………………………………………………………… 48
　自测题 …………………………………………………………………………………… 48
　自测题参考答案 ………………………………………………………………………… 50

第 3 章　循环结构 ………………………………………………………………………… 52
　3.1　使用 for 语句实现循环控制 ……………………………………………………… 52
　　　3.1.1　使用 for 语句重复显示信息 ……………………………………………… 52
　　　3.1.2　使用 for 语句重复出加法题 ……………………………………………… 54
　3.2　使用 while 语句实现循环控制 …………………………………………………… 57
　　　3.2.1　使用 while 语句为学生分班 ……………………………………………… 57
　　　3.2.2　使用 while 语句计算近似值 ……………………………………………… 59
　3.3　使用 do…while 语句实现循环控制 ……………………………………………… 60
　　　3.3.1　使用 do…while 语句计算加法题正确率 ………………………………… 60
　　　3.3.2　使用 do…while 语句编写打字练习程序 ………………………………… 63
　3.4　使用 break 语句强行退出循环 …………………………………………………… 64
　3.5　学会使用循环设计典型算法 ……………………………………………………… 66
　　　3.5.1　学会找出 Fibonacci 数列的各项来掌握递推算法 ……………………… 66
　　　3.5.2　用迭代算法求解某数的平方根 …………………………………………… 68
　　　3.5.3　用枚举算法求解百元百鸡问题 …………………………………………… 70
　　　3.5.4　学会判断质数的算法 ……………………………………………………… 73
　3.6　贯穿教学全过程的实例——公交一卡通管理程序（3）………………………… 77
　3.7　本章总结 …………………………………………………………………………… 78
　思考题 …………………………………………………………………………………… 80
　上机练习 ………………………………………………………………………………… 81
　自测题 …………………………………………………………………………………… 82
　自测题参考答案 ………………………………………………………………………… 84

第 4 章　数组 ……………………………………………………………………………… 86
　4.1　认识数组 …………………………………………………………………………… 86

4.2　使用一维数组 ‥‥‥‥‥‥‥‥‥‥‥‥‥‥‥‥‥‥‥‥‥‥‥‥‥‥‥‥‥ 86
　　4.2.1　定义与引用一维数组 ‥‥‥‥‥‥‥‥‥‥‥‥‥‥‥‥‥‥‥‥‥ 86
　　4.2.2　在字符串中找出数字字符构造新数组 ‥‥‥‥‥‥‥‥‥‥‥‥‥ 88
　　4.2.3　判断密码是否正确 ‥‥‥‥‥‥‥‥‥‥‥‥‥‥‥‥‥‥‥‥‥‥ 89
　　4.2.4　求一批数据中的最大值 ‥‥‥‥‥‥‥‥‥‥‥‥‥‥‥‥‥‥‥ 91
　　4.2.5　在有序数据中插入一个数 ‥‥‥‥‥‥‥‥‥‥‥‥‥‥‥‥‥‥ 93
　　4.2.6　排序数据 ‥‥‥‥‥‥‥‥‥‥‥‥‥‥‥‥‥‥‥‥‥‥‥‥‥‥ 94
4.3　使用二维数组 ‥‥‥‥‥‥‥‥‥‥‥‥‥‥‥‥‥‥‥‥‥‥‥‥‥‥‥‥‥ 97
　　4.3.1　求两个矩阵的和 ‥‥‥‥‥‥‥‥‥‥‥‥‥‥‥‥‥‥‥‥‥‥ 97
　　4.3.2　求方阵对角线上元素之和 ‥‥‥‥‥‥‥‥‥‥‥‥‥‥‥‥‥‥ 99
　　4.3.3　显示算术题和学生答题信息 ‥‥‥‥‥‥‥‥‥‥‥‥‥‥‥‥ 101
　　4.3.4　编写不同级别的打字练习程序 ‥‥‥‥‥‥‥‥‥‥‥‥‥‥‥ 103
　　4.3.5　统计一个学习小组的成绩 ‥‥‥‥‥‥‥‥‥‥‥‥‥‥‥‥‥ 104
4.4　贯穿教学全过程的实例——公交一卡通管理程序（4） ‥‥‥‥‥‥‥‥‥ 106
4.5　本章总结 ‥‥‥‥‥‥‥‥‥‥‥‥‥‥‥‥‥‥‥‥‥‥‥‥‥‥‥‥‥‥ 112
思考题 ‥‥‥‥‥‥‥‥‥‥‥‥‥‥‥‥‥‥‥‥‥‥‥‥‥‥‥‥‥‥‥‥‥‥ 113
上机练习 ‥‥‥‥‥‥‥‥‥‥‥‥‥‥‥‥‥‥‥‥‥‥‥‥‥‥‥‥‥‥‥‥ 114
自测题 ‥‥‥‥‥‥‥‥‥‥‥‥‥‥‥‥‥‥‥‥‥‥‥‥‥‥‥‥‥‥‥‥‥ 115
自测题参考答案 ‥‥‥‥‥‥‥‥‥‥‥‥‥‥‥‥‥‥‥‥‥‥‥‥‥‥‥‥ 116

第 5 章　指针 ‥‥‥‥‥‥‥‥‥‥‥‥‥‥‥‥‥‥‥‥‥‥‥‥‥‥‥‥‥‥‥ 118
5.1　认识变量的地址和指针变量 ‥‥‥‥‥‥‥‥‥‥‥‥‥‥‥‥‥‥‥‥‥ 118
5.2　通过指针访问普通变量 ‥‥‥‥‥‥‥‥‥‥‥‥‥‥‥‥‥‥‥‥‥‥‥ 118
5.3　通过指针访问数组 ‥‥‥‥‥‥‥‥‥‥‥‥‥‥‥‥‥‥‥‥‥‥‥‥‥ 120
　　5.3.1　通过指针计算总分 ‥‥‥‥‥‥‥‥‥‥‥‥‥‥‥‥‥‥‥‥ 120
　　5.3.2　通过指针将数据逆置 ‥‥‥‥‥‥‥‥‥‥‥‥‥‥‥‥‥‥‥ 122
　　5.3.3　通过指针找出最大值 ‥‥‥‥‥‥‥‥‥‥‥‥‥‥‥‥‥‥‥ 124
　　5.3.4　通过指针排序数据 ‥‥‥‥‥‥‥‥‥‥‥‥‥‥‥‥‥‥‥‥ 126
　　5.3.5　通过指针计算两个矩阵的和 ‥‥‥‥‥‥‥‥‥‥‥‥‥‥‥ 126
5.4　通过指针访问字符串 ‥‥‥‥‥‥‥‥‥‥‥‥‥‥‥‥‥‥‥‥‥‥‥‥ 128
　　5.4.1　通过指针判断回文 ‥‥‥‥‥‥‥‥‥‥‥‥‥‥‥‥‥‥‥‥ 128
　　5.4.2　在三个字符串中找出最大的字符串 ‥‥‥‥‥‥‥‥‥‥‥‥‥ 131
　　5.4.3　将三个字符串从大到小进行排序 ‥‥‥‥‥‥‥‥‥‥‥‥‥‥ 132
　　5.4.4　连接两个字符串 ‥‥‥‥‥‥‥‥‥‥‥‥‥‥‥‥‥‥‥‥‥ 133
5.5　本章总结 ‥‥‥‥‥‥‥‥‥‥‥‥‥‥‥‥‥‥‥‥‥‥‥‥‥‥‥‥‥ 135
思考题 ‥‥‥‥‥‥‥‥‥‥‥‥‥‥‥‥‥‥‥‥‥‥‥‥‥‥‥‥‥‥‥‥‥ 136
上机练习 ‥‥‥‥‥‥‥‥‥‥‥‥‥‥‥‥‥‥‥‥‥‥‥‥‥‥‥‥‥‥‥‥ 136
自测题 ‥‥‥‥‥‥‥‥‥‥‥‥‥‥‥‥‥‥‥‥‥‥‥‥‥‥‥‥‥‥‥‥‥ 138
自测题参考答案 ‥‥‥‥‥‥‥‥‥‥‥‥‥‥‥‥‥‥‥‥‥‥‥‥‥‥‥‥ 139

第 6 章　函数 ·· 141
　6.1　了解 C 语言程序的执行过程 ················ 142
　6.2　掌握自定义函数的编写与调用方法 ·········· 144
　　6.2.1　调用自定义函数计算 1~n 的和 ········· 144
　　6.2.2　调用自定义函数进行四则运算 ·········· 148
　　6.2.3　在被调函数中交换数据 ················ 151
　　6.2.4　用嵌套调用的方法进行计算 ············ 153
　6.3　调用自定义函数处理数组 ·················· 154
　　6.3.1　调用自定义函数输入 / 输出一维数组 ···· 154
　　6.3.2　调用自定义函数将数据逆置 ············ 156
　　6.3.3　调用自定义函数求最大值 ·············· 157
　　6.3.4　调用自定义函数判断回文 ·············· 159
　　6.3.5　调用自定义函数计算两个矩阵的和 ······ 161
　6.4　变量的存储类别 ························· 162
　　6.4.1　内部变量和外部变量 ·················· 162
　　6.4.2　动态存储变量和静态存储变量 ·········· 164
　6.5　贯穿教学全过程的实例——公交一卡通管理程序（5） 166
　6.6　本章总结 ······························· 173
　思考题 ···································· 176
　上机练习 ·································· 177
　自测题 ···································· 177
　自测题参考答案 ···························· 179

第 7 章　结构体 ·· 181
　7.1　了解结构体类型数据的使用场合 ············ 181
　7.2　掌握结构体变量的使用方法 ················ 181
　　7.2.1　使用结构体变量处理实际问题 ·········· 182
　　7.2.2　将结构体变量作为实参处理实际问题 ···· 186
　7.3　掌握结构体数组的使用方法 ················ 187
　　7.3.1　使用结构体数组处理实际问题 ·········· 187
　　7.3.2　将结构体数组名作为实参处理实际问题 ·· 189
　7.4　贯穿教学全过程的实例——公交一卡通管理程序（6） 197
　7.5　本章总结 ······························· 205
　思考题 ···································· 207
　上机练习 ·································· 208
　自测题 ···································· 210
　自测题参考答案 ···························· 212

第 8 章　文件 ·· 213
　8.1　了解文件的处理过程 ··· 213
　8.2　掌握文件的基本操作本领 ··································· 215
　　　8.2.1　创建文本文件 ··· 215
　　　8.2.2　读取文本文件中的数据 ································ 217
　　　8.2.3　创建二进制文件 ······································ 218
　　　8.2.4　读取二进制文件中的数据 ···························· 219
　8.3　文件的应用举例 ··· 221
　　　8.3.1　编写算术考试程序 ···································· 221
　　　8.3.2　编写阅卷程序 ··· 222
　　　8.3.3　复制文件 ··· 223
　　　8.3.4　调用函数修改文件中的内容 ························· 225
　8.4　贯穿教学全过程的实例——公交一卡通管理程序（7） ··· 227
　8.5　本章总结 ··· 247
　思考题 ··· 248
　上机练习 ··· 249
　自测题 ··· 250
　自测题参考答案 ··· 252

附录 ·· 253
　附录 A　C 语言关键字 ·· 253
　附录 B　常用字符与 ASCII 码对照表 ··························· 253
　附录 C　运算符的优先级和结合方向 ···························· 254
　附录 D　常用 C 库函数 ··· 254
　附录 E　用 Visual C++ 2010 编写 C 程序 ······················ 257
　附录 F　C 语言常见编译错误的中英文对照表 ················· 261

参考文献 ·· 264

第1章　C语言基础与顺序结构

学习目标

1. 掌握 C 语言程序的结构。
2. 合理选用数据类型。
3. 掌握算术运算符和赋值运算符。
4. 掌握控制数据的输入 / 输出方法。
5. 掌握顺序结构以及顺序结构的流程。
6. 掌握 Visual C++ 6.0 集成环境的使用方法。
7. 掌握转换大小写字母的方法。
8. 掌握产生随机整数的方法。

计算机由硬件系统和软件系统组成,其中硬件是物质基础,而软件是计算机的灵魂。没有软件的计算机是什么也干不了的"裸机"。所有软件要用计算机语言编写。

计算机语言是人和计算机交换信息的工具。随着计算机技术的发展,计算机语言逐步得到完善。最初使用的计算机语言是用一串串 0 和 1 组成的数字表达的语言——机器语言,后来使用的计算机语言是用简洁的英文字母或符号串表达的语言——汇编语言。机器语言和汇编语言都是低级语言,用这种语言编写的程序执行效率高,但程序代码很长,又都依赖于具体的计算机,因此编码、调试、阅读程序都很困难,通用性也差。

目前使用最广泛的计算机语言是用接近于人们自然语言表达的语言——高级语言。用高级语言编写的程序完全不依赖于计算机硬件,编码相对短,可读性强。C 语言属于高级语言。用高级语言编写的程序叫作源程序。

1.1　认识 C 语言程序

1.1.1　了解 C 语言程序的构成

任何一个 C 语言程序都是由若干个函数构成的,所以编写一个程序的过程,就是根据功能要求并按照 C 语言语法规则逐个编写各函数的过程。下面给出一个较完整的程序,以便读者尽早了解 C 语言程序。程序中的各行含义将在后续章节中详细介绍,在实例 6.1 中给出其执行过程。

【实例1.1】　观察下面的程序,认识一个完整的 C 语言程序,了解 C 语言程序的结构。

```
// 下面 3 行是预处理命令部分
#include  <stdio.h>
#include  <math.h>
```

```
#define PI 3.14159

// 下面 2 行是函数的原型说明部分
double  sup_area(double r);
double  volume(double r);

// 下面是主函数部分
int main(void)
{   double a=-5,b,c,d;

    b=fabs(a);
    c=sup_area(b);
    d=volume(b);
    printf("c=%lf,d=%lf\n",c,d);
    return 0;
}

// 下面是 sup_area( ) 函数的定义部分,该函数的功能是计算球的表面积
double  sup_area(double r)
{   double s;

    s=4*PI*r*r;
    return s;
}

// 下面是 volume( ) 函数的定义部分,函数功能是计算球的体积
double  volume (double r)
{   double v;

    v=4.0/3.0*PI*r*r*r;
    return v;
}
```

1. 运行结果

```
c=314.159000,d=523.598333
```

2. 归纳分析

（1）任何一个 C 语言程序都由若干个函数构成,而且必须有且仅有一个主函数（函数名必须是 main）,其他函数的多少由实际情况而定,处理简单问题时也可以没有其他函数。本程序包括主函数 main( )、sup_area( ) 函数和 volume( ) 函数。各个函数完成各自的功能,分工协作完成预定任务。如同生活中,每个人完成各自的职责。

（2）程序中用 "//" 引导的部分叫作注释部分。注释部分对程序的运行不起作用。

在程序中加注释是为了便于阅读,让读者明晰程序设计思路。

(3) C语言提供了丰富的标准库函数以便直接使用,但要求在程序的开头加上包含该函数信息的命令行(参见附录 D)。本程序中使用了库函数 printf( )(功能是输出数据,是输出函数)和 fabs( )(功能是求绝对值,是数学函数)。C 语言系统将所有输入/输出函数的信息存放在 stdio.h 文件中,而将所有数学函数的信息存放在 math.h 文件中,所以程序的开头加了两个命令行 #include <stdio.h> 和 #include <math.h>。

(4) 程序的开头除了上述两个命令行外,又有了命令行 #define PI 3.14159。有此命令行后,程序中所用到的所有 PI 均用 3.14159 代替。

(5) 程序中编写了 3 个函数,除了主函数外,在使用其他自定义的函数前,应对这些函数逐一进行函数原型说明,因此程序中加了 "double sup_area(double r);" 和 "double volume(double r);"。

1.1.2　熟悉主函数框架

在C语言中可以编写程序进行算术运算,就像日常生活中人们使用计算器计算一样。

【实例 1.2】　编写程序,计算两个整数的和与差,要求从键盘输入两个数。

1．编程思路

在 C 语言中,数据的输入操作使用标准库函数 scanf( ) 实现,而通过标准库函数 printf( ) 实现输出功能。加法操作和减法操作分别使用算术运算符 + 和 -。

2．程序代码

```
#include <stdio.h>
int main(void)
{    int x,y,a;                              // 定义三个变量

     printf("Input x and y:");               // 显示提示信息
     scanf("%d%d",&x,&y);                     // 要求从键盘输入两个整数
     a=x+y;                                   // 计算两个数的和
     printf("The sum of the two numbers:%d\n",a);   // 输出两个数的和

     a=x-y;                                   // 计算两个数的差
     printf("The difference:%d\n",a);         // 输出两个数的差
     return 0;
}
```

3．运行结果

```
Input x and y:1200 180
The sum of the two numbers:1380
The difference:1020
```

4．归纳分析

(1) 本程序只包含主函数,主函数的一般框架是：

int main(void)

```
{   定义变量部分
    功能语句部分
    return 0;

}
```

定义变量和功能语句部分均可以是多条，而且每条都以";"结束。

说明：C99 标准提供两种主函数形式，一种是不带参数的主函数，另一种是带参数的主函数，本书只介绍第一种主函数。

（2）在屏幕上显示内容要使用 printf( ) 函数。此函数有两种形式，参见实例 1.8。

语句 "printf("Input x and y:");" 的功能是屏幕上显示字符串 "Input x and y:"。而语句 "printf("The sum of the two numbers:%d\n",a);" 的功能是在显示双引号中字符的同时，%d 的位置上用 a 的值替换，其中，%d 是格式说明符，在输出整数时使用；\n 是换行符。

（3）从键盘输入数据要使用 scanf( ) 函数。参见实例 1.8。

语句 "scanf("%d%d",&x,&y);" 的功能是要求用户从键盘输入两个整数，并把它们分别存放在变量 x 和 y 中。在输入整数时也要使用格式说明符 %d。

（4）编写程序后应上机验证。学习者可以按照如下顺序尝试上机。更多的上机操作方法将在后续章节中陆续介绍。

5．操作步骤

（1）安装 Visual C++ 6.0。如果已经安装，则跳过此步。

（2）启动 Visual C++ 6.0。为了编写 C 语言程序，首先应启动 Visual C++ 6.0 集成环境，其方法是：在 Windows 的"开始"菜单中，依次选择"程序"| Microsoft Visual Studio 6.0 | Microsoft Visual C++6.0，此时弹出 Visual C++ 6.0 的主窗口。

（3）新建 C 源程序。在 Visual C++ 6.0 的主窗口选择"文件"|"新建"命令，出现"新建"对话框，在此选择"文件"选项卡下的 C++ Source File，在右侧"位置"栏中输入"D:\C 语言"或通过单击按钮选择 D 盘上的"C 语言"文件夹，再在"文件名"文本框中输入"实例 1_2.c"（见图 1.1），然后单击"确定"按钮，便建立了新的 C 源程序，如图 1.2 所示。该界面的右侧为编辑窗口，这时的编辑窗口是空的。

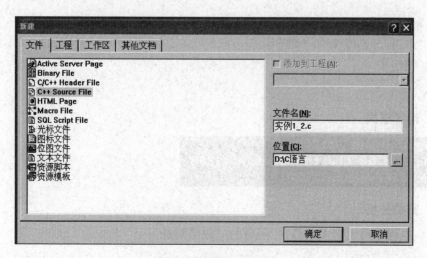

图 1.1 "新建"对话框

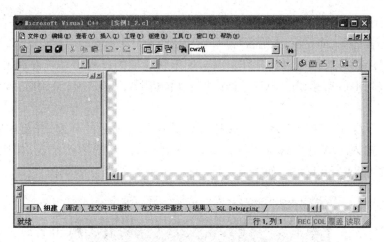

图 1.2　新建 C 源程序后的界面

（4）编辑源程序。在编辑窗口中输入实例 1.2 的代码。可以不输入注释部分。

（5）保存文件。因为上机时经常会发生预料不到的事情，一定要养成随时存盘的好习惯。单击工具栏中的"保存"按钮，按原名将文件存盘。

（6）编译和连接程序。C 源程序通过编译和连接之后才能运行。单击"编译"按钮，进行程序的编译（在出现的提示信息框中单击"是"按钮）。系统在编译前会自动将程序保存，然后进行编译。如果在编译的过程中发现错误，将在下方窗口中列出所有错误和警告(附录 F 中提供编译错误的中英文对照表)。双击显示错误或警告的第 1 行，则光标自动跳到代码的错误行。修改该错误后，对程序重新进行编译，若程序还有错误或警告，可继续修改和编译，直到没有错误为止。编写程序往往不会第一次就很完美，一般都需要多次修正迭代，这就要求具有勇于尝试、不怕挫折的品质。编译本实例时没有出现任何错误和警告，所以错误和警告数都为 0，如图 1.3 所示。

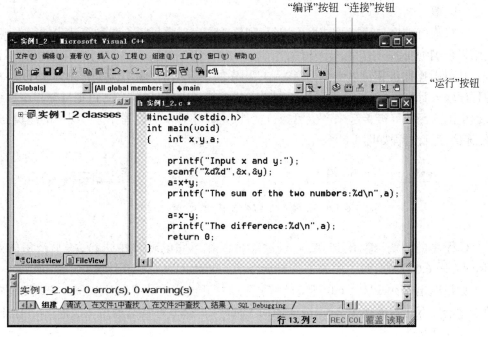

图 1.3　编译后的情况

如果在图 1.1 右侧"文件名"文本框中输入文件名时省略扩展名,则系统建立的文件不是 C 语言程序,而是 C++ 语言程序（默认扩展名为 .cpp）。

单击"连接"按钮后,与编译时一样,如果在连接的过程中系统发现错误,将在下面的窗口中列出所有错误和警告。修改错误后重新编译和连接,直到编译和连接都没有错误为止。

(7) 运行程序。单击"运行"按钮,出现如图 1.4 所示的界面,并要求用户输入 x 和 y 的值。输入 1200 和 180 后按 Enter 键,看到实例 1.2 的运行情况,如图 1.5 所示。运行程序时可以按 Shift 键切换中英文输入法。按任意键回到编辑窗口。

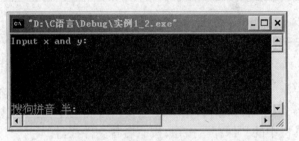

图 1.4　实例 1.2 的运行界面

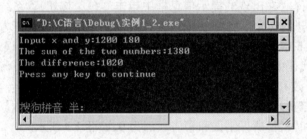

图 1.5　实例 1.2 的运行情况

如果运行结果与预期的结果不相符,则修改程序后重复第 6 步和第 7 步的操作,直到结果正确为止。

从以上操作步骤可以看到,要得到 C 程序的运行结果,首先选择一种集成环境,将源程序输入计算机内,然后把源程序翻译成机器能识别的目标程序,再把目标程序和系统提供的库函数等链接起来产生可执行文件,这时才可以运行程序。C 程序的编辑、编译、连接、运行过程如图 1.6 所示。

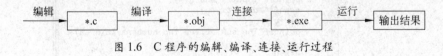

图 1.6　C 程序的编辑、编译、连接、运行过程

C 程序的编辑、编译、连接、运行过程可以在不同的环境中进行,本书选用的是 Visual C++ 6.0 集成环境。附录 E 中补充介绍了 Visual C++ 2010 环境。

如果退出 Visual C++ 6.0 环境后需要重新打开已建立的 C 程序实例 1_2.c,则在资源管理器中双击"实例 1_2.c",或先启动 Visual C++ 6.0 环境后通过"文件"|"打开"菜单项打开文件。

1.2 合理选用数据类型

在编写 C 语言程序时,都需要处理大量的数据,其中最常用的数据类型为整型、实型、字符型,而常用的整型又有基本整型和长整型,常用的实型有单精度实型和双精度实型。不同类型的数据有不同的特性和处理方法,因此编写程序时合理选用相应的数据类型是至关重要的。

1.2.1 合理选用整型数据

在日常生活中我们经常需要处理整数,即不带小数点的数。例如,计算某人的年龄、统计学生人数等。在 C 语言中,常用基本整型(int)或长整型(long)变量存放整型数据。由于在 Visual C++ 6.0 环境中,基本整型和长整型所占字节数相同 (4 字节),因此本书只介绍基本整型。定义变量时必须根据需要给出其类型。

【实例 1.3】 编写程序,计算正方形铁板的面积,铁板边长为 150,如图 1.7 所示。

图 1.7 正方形铁板

1. 编程思路

利用公式"面积＝边长×边长"计算正方形的面积,而且定义变量 area 存放正方形的面积。由于需要处理的数据是整数,所以选用 int 型。

2. 程序代码

```
#include <stdio.h>
int main(void)
{    int area;                        // 定义基本整型变量 area

     area=150;                        // 把 150 赋给变量 area
     area=area*area;                  // 计算正方形的面积
     printf("area=%d\n",area);        // 输出正方形的面积
     return 0;
}
```

3. 运行结果

```
area=22500
```

4. 归纳分析

(1) 程序中使用了变量 area,所谓变量就是在程序执行过程中其值可以变化的量。C 语言将数据分为常量和变量,常量是在程序执行过程中其值永远不变的量。变量的实质是内存中的一个存储单元,因此在使用变量前应向系统申请存储单元,这一过程就是定义变量的过程。本程序用"int area;"定义了变量 area。

定义变量的一般形式如下：

类型名 变量名 1, 变量名 2, ..., 变量名 n;

变量名由编程者自己给出，但必须遵循如下变量名的命名规则。

① 变量名中只能出现数字、大小写英文字母和下画线。

② 变量名必须以字母或下画线开头。

③ 变量名与关键字不能相同。

④ 不提倡使用预定义字符。

C 语言区分大小写，所以变量 area 和 Area 是两个不同的变量。所谓关键字是 C 语言中已有特定用途的标识符（参见附录 A），如 int、float 等。预定义符有：库函数名（如 printf）、预编译处理命令（如 include、define）等。如果把预定义符作为变量名，则该预定义符将失去原有的含义。

> 💡 **注意**：变量必须先定义后使用，定义变量后其中的值是不确定的。

变量如同容器，其中可以存放数据，也可以从中取出数据使用。例如，用"int area;"定义变量 area 后，变量 area 中的值是不确定的，但执行"area=150;"后，area 中的值变为 150，再执行"area=area*area;"后，area 中的值又变为 22500，如图 1.8 所示。

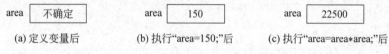

（a）定义变量后　　　（b）执行"area=150;"后　　　（c）执行"area=area*area;"后

图 1.8　变量 area 值的变化情况

编写程序时经常使用形如"area=area*area;"的语句，其特点是运算符"="两侧均出现相同的变量名，但两侧的变量名所代表的含义是不同的。例如，该语句中，运算符"="右侧的 area 代表变量 area 中的值（即 150），而左侧的 area 代表存储单元。该语句的执行过程是先计算 area*area 的值（即 150×150），再把计算结果（即 22500）存放在运算符"="左侧的 area 中。在 C 语言中"="是赋值运算符，参见 1.3.2 小节。

（2）输出基本整型数据时在 printf( ) 函数中要使用格式说明符。

【讨论题 1.1】　在实例 1.3 的程序中，如果需要计算任意一个边长的正方形铁板面积，应该如何修改程序？

1.2.2　合理选用实型数据

在日常生活中经常需要处理实型数据。例如，计算学生的平均成绩、统计一年的销售额等。在 C 语言中，常用 float 型或 double 型变量存放实型数据。

【实例 1.4】　编写程序，计算半径为 15.67 的圆面积。要求分别使用单精度型和双精度型数据计算。

1. 编程思路

通过求圆面积公式 πr^2 计算。单精度实型变量用 float 定义，双精度实型变量用 double 定义。

2. 程序代码

```
#include <stdio.h>
#define PI 3.14159          // 程序中的所有 PI 均用 3.14159 代替
int main(void)
{   float s1;
    double s2;

    s1=PI*15.67*15.67;
    s2=PI*15.67*15.67;
    printf("s1=%f,s2=%lf\n",s1,s2);
    return 0;

}
```

3. 运行结果

```
s1=771.413940,s2=771.413969
```

4. 归纳分析

（1）在存储整型数据时没有误差，但存储实型数据时就有误差。例如，通过"a=5;"将 5 赋给整型变量 a 后，a 中存放的值就是 5，但通过"b=345.6789;"将 345.6789 赋给单精度实型变量 b 后，b 中存放的值不是 345.6789，而是带误差的值（如 345.678894）。单精度实型数据的有效位是 6～7 位，它只保证前 6～7 位是正确的；而双精度实型数据的有效位是 15～16 位，它能够保证前 15～16 位是正确的。从本程序的运行结果中也可以观察。

（2）在单精度实型和双精度实型中，通常按如下原则选择使用具体数据类型。

① 当要处理 -3.4×10^{-38} ～ 3.4×10^{38} 的实数时，选用单精度实型（float）（也可以选用双精度实型，但会浪费存储单元，因为双精度实型占 8 字节，单精度实型只占 4 字节）。

② 当要处理 -1.7×10^{-308} ～ 1.7×10^{308} 的实数时，选用双精度实型，不能选用单精度实型。

③ 当要处理的实型数据精度要求高时，选用双精度实型。

> 💡 **注意**：在整型变量中不能存放实型数。若有"int a; a=3.6;"，则执行该程序段后，a 中存放的值是 3，而不是 3.6。

（3）输出单精度实型数据时在 printf( ) 函数中要使用格式说明符 %f，而输出双精度实型数据时使用 %lf。用 %f 或 %lf 输出数据时，小数点后总是输出六位，若改用 %.3f 或 %.3lf 形式，则小数点后只输出三位，若用 %.0f 或 %.0lf 形式，则不输出小数点后的数据。

【讨论题 1.2】 假设一个学生的总评成绩由平时成绩和期末成绩构成（平时、期末和总评成绩均为整数），其中平时成绩占总评成绩的 40%，期末成绩占总评成绩的 60%。

计算总评成绩时可按如下步骤进行。

① 输入平时成绩和期末成绩

计算成绩 1：　　　　　　　成绩 1= 平时成绩 × 0.4

计算成绩 2：　　　　　　　成绩 2= 期末成绩 × 0.6

② 计算总评成绩

　　　　　　　　总评成绩 = 成绩 1+ 成绩 2

③ 输出总评成绩

应需要定义哪些变量？如何选择各变量类型？

1.2.3　合理选用字符型数据

在日常生活中经常遇到一串串字符，如姓名、性别、通信地址等，在 C 语言中也同样需要处理大量的字符数据，例如，打字练习时计算正确率、连接两篇文章等。单个字符（即字符常量）要用 char 型变量存放。在程序中将字符常量用单引号括起来，如 'a'、'B' 等。字符常量可以是 ASCII 码（参见附录 B）中的任意一个字符，它在内存中占一个字节。

【实例 1.5】　假设变量 ch 中已存放字母 'H'，编写程序，将 ch 中的字母转换成小写字母后重新存放在该变量中。

1．编程思路

要处理字符，必须使用字符型类型，用 char 定义字符型变量。通过 'H'+32 可以得到字母 'H' 所对应的小写字母。

2．程序代码

```
#include <stdio.h>
int main(void)
{   char ch;

    ch='H';
    ch=ch+32;
    printf("ch=%d,ch=%c\n",ch,ch);
    return 0;
}
```

3．运行结果

```
ch=104,ch=h
```

4．归纳分析

（1）字符常量在内存中存放的是其 ASCII 码值，所以像整型数据一样可以直接参与算术运算。如大写字母 'H' 在内存中存的是其 ASCII 码值 72，因此 'H'+32 的值是 104，即为小写字母 'h' 的 ASCII 码值。实际上，所有大写字母和对应小写字母的 ASCII 码值都相差 32。

（2）按字符形式输出字符型数据时，在 printf( ) 函数中要使用格式说明符 %c，在屏幕上显示字符时不输出单引号。

（3）字符常量还包括以反斜线符"\"开头、后跟一个或几个字符组成的转义字符。在表 1.1 中列出了常用的转义字符。

表 1.1　常用的转义字符

转义字符	转义字符的意义	转义字符	转义字符的意义
\n	回车换行	\\	反斜线符"\"
\t	横向跳到下一制表位置	\'	单引号字符"'"
\v	竖向跳格	\"	双引号字符"""
\b	退格	\a	鸣铃
\r	回车	\ddd	1～3 位八进制数所代表的字符
\f	走纸换页	\xhh	1～2 位十六进制数所代表的字符

转义字符的书写形式虽然比较复杂，但用它可以表示键盘上找不到的字符，如♥、↕等。用语句"printf("%c%c\n",'\17','\xE');"可以输出☼和♫。

【讨论题 1.3】　执行语句"ch='b'−32;"后，字符型变量 ch 中存放的是什么？再执行"ch=ch+2;"后，变量 ch 中存放的又是什么？

1.3　学会使用常用运算符

1.3.1　学会使用算术运算符

在日常生活中离不开算术运算，如购物交费时，根据各物品的价格计算总额；再如用饭卡买饭时根据饭菜的价格从卡中扣钱。用 C 语言编写程序解决这类问题时，同样离不开算术运算。

【实例 1.6】　编写程序，计算函数 $y = \dfrac{\sqrt{x} + 2x}{x - 5}$ 的值，其中自变量 x 的值从键盘输入。

1. 编程思路

先根据数学表达式 $\dfrac{\sqrt{x} + 2x}{x - 5}$ 写出 C 语言表达式。用 sqrt( ) 函数计算平方根，$2x$ 写成 2*x，分子和分母分别用"( )"括起来。C 语言不提供与数学对应的"[ ]"和"{ }"，所以需要时使用嵌套的"( )"。

2. 程序代码

```
#include <stdio.h>
#include <math.h>
int main(void)
{    float x,y;

     printf("Input x:");
     scanf("%f",&x);
```

```
y=(sqrt(x)+2*x)/(x-5);
printf("x=%f,y=%f\n",x,y);
return 0;
}
```

3．运行结果

```
Input x:7
x=7.000000,y=8.322876
```

4．归纳分析

（1）C语言中有5个算术运算符："+"（加）、"-"（减）、"*"（乘）、"/"（除）、"%"（求余）。运算符"%"要求两侧的运算量必须为整型。

（2）一个表达式中一般包括多个运算符，所以计算表达式的值时要考虑运算符的先后顺序。确定先后顺序的原则是先按运算符的优先级，对于相同优先级的运算符可根据其结合性确定，参见附录C。

（3）在进行算术运算时，经常会遇到运算量的数据类型不一致，这时系统自动将数据类型统一后才进行运算。对于 int 型、long 型、float 型、double 型和 char 型，统一类型的原则如图1.9 所示。

① 对于 int 型、long 型或 double 型，如果运算量的数据类型相同，则系统不进行统一，而直接运算，所得到的结果类型是该数据类型。例如，两个 int 型的计算结果还是 int 型。如果运算量的数据类型不同，则系统将其中低级的数据类型统一到高级类型，然后再运算，所得到的结果类型是高级别的类型。例如，对于一个 int 型和一个 double 型的运算量进行算术运算时，先将运算量统一成 double 型，计算结果是 double 型。

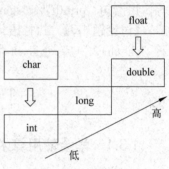

图1.9　统一类型的原则

② 如果有一个运算量是 char 型，则必须先统一成 int 型，再按 int 型的统一原则进行。如果有一个运算量是 float 型，则必须先统一成 double 型。

（4）有时可以采用强制类型转换的方法将运算量的数据类型统一。例如，在计算7和2的商时，如果直接用表达式 7/2 计算，将得到错误的结果为3（因为两个整型数据的商也是同类型数据），因此采用表达式 7/（double2）计算，其结果正是预期的数 3.5。其中，（double）的作用是把其后的运算量2的数据类型强行转换为 double 型，所以在进行除以2的操作时，将运算量统一成 double 型后计算，不会出现运算结果不准确的现象。强制类型转换的一般形式如下：

（类型名）运算量

（5）编写程序时应考虑程序的健壮性，即当用户输入非法数据时应给出错误信息，使得系统不导致崩溃。由于所学知识的限制，本程序没能考虑健壮性，因此输入负数或5时会出现如下错误。

输入-3时：

```
Input x:-3
x=-3.000000,y=-1.#IND00
```

输入 5 时：

```
Input x:5
x=5.000000,y=1.#INF00
```

通过第 2 章的学习可以完善本程序。

【讨论题 1.4】 进行算术运算时,如果一个运算量是 int 型,另一个运算量是 float 型,那么系统会如何统一类型?

1.3.2 学会使用赋值运算符

就像容器中装东西一样,C 语言中也经常将数据赋给变量,这一操作借助赋值运算符 "=" 实现。

【实例 1.7】 假设 A、B 两个职员的原来工资都是 1860.50 元,后来经考虑决定给 A 职员加 200 元, B 职员加 500 元。编写程序,计算两个职员的新工资。

1．编程思路

先定义两个单精度型变量 pay_a 和 pay_b,分别存放原来的工资,再通过它们计算新的工资。

2．程序代码

```c
#include <stdio.h>
int main(void)
{   float pay_a,pay_b;

    pay_a=pay_b=1860.50;
    pay_a=pay_a+200;
    pay_b=pay_b+500;
    printf("pay_a=%.2f,pay_b=%.2f\n",pay_a,pay_b);       // 小数点后输出 2 位
    return 0;
}
```

3．运行结果

```
pay_a=2060.50,pay_b=2360.50
```

4．归纳分析

(1) 赋值表达式的一般形式如下：

变量名 = 表达式

(2) 赋值表达式的处理过程分为以下 3 步。

① 计算赋值号 "=" 右侧表达式的值。

② 自动将表达式的值数据类型统一为"="左侧变量的数据类型。

③ 将所得结果赋给"="左侧的变量。

如果"="左侧变量的数据类型不正确，则在系统把表达式的值类型统一成"="左侧变量的类型时，可能得不到正确的结果。例如，执行"int a; a=5.6+10;"后，表达式"5.6+10"的值是 15.6，但变量 a 得到的结果却是 15。这是因为将实型数据转换成 int 型的方法是舍去小数点部分。

（3）赋值表达式的值是"="左侧变量所得到的值。在一个赋值表达式中，如果出现多个赋值运算符，则从最右侧开始一一处理。例如，本程序中赋值表达式"pay_a=pay_b=1860.50；" 相当于"pay_a=(pay_b=1860.50)；"，而赋值表达式"pay_b=1860.50；"的值为变量 pay_b 所得到的值 1860.50，因此变量 pay_a 也得到 1860.50。

1.4 学会控制输入 / 输出数据

没有输出操作的程序毫无价值，所以任何一个程序都应至少有一个输出操作。没有输入操作的程序缺乏灵活性，因此一般每一个程序都有输入操作。

1.4.1 使用格式输入 / 输出函数出加法题

利用前面接触过的 scanf( ) 和 printf( ) 函数可以按指定的格式输入 / 输出数据。

【实例 1.8】 编写程序，给小学生出一道 100 以内两个数的加法题，等学生说出自己的答案后，再告诉学生正确的答案。

1．编程思路

先随机产生两个 100 以内的整数，再用 printf( ) 函数给出算术式，用 scanf( ) 函数使学生输入答案。标准库函数 rand( ) 产生一个随机整数，rand( )%100 产生一个 100 以内（不含 100）的随机整数。

2．程序代码

```c
#include <stdio.h>
#include <stdlib.h>                // 使标准库函数 rand( ) 时加此行
int main(void)
{   int op1,op2,pupil,answer;

    op1=rand()%100;                // 产生 0~99 的整数
    op2=rand()%100;
    printf("%d+%d=",op1,op2);      // 显示算式
    scanf("%d",&pupil);
    answer=op1+op2;
    printf("The correct answer:%d\n",answer);
    return 0;
}
```

3．运行结果

```
41+67=66
The correct answer:108
```

4．归纳分析

（1）scanf( )函数的一般形式如下：

scanf("格式控制字符串",输入项表)

printf( )函数的一般形式有以下两种。

形式1：

printf("字符串")

形式2：

printf("格式控制字符串",输出项表)

输入项表和输出项表中的各项用逗号隔开。输出项是表达式（含常量和变量），而输入项是变量的地址（用"& 变量名"形式表示，有关地址的概念将在第 5 章介绍）。

如果输入多个数值时使用一个 scanf( ) 函数，则在各数值之间要用空格键或 Tab 键或 Enter 键分隔。例如，执行"scanf("%d%d",&a,&b);"时，用"5␣6"或"5 Enter 6"等形式。但是如果输入多个字符时使用一个 scanf( ) 函数，则在字符之间不加分隔符，而连续输入，因为系统把空格、回车符（Enter）等都作为合法的字符。例如，执行"scanf("%c%c",&ch1,&ch2);"时，用 we<Enter> 输入才能使 ch1 得到 w，ch2 得到 e，如果输入成 w␣e<Enter>，则 ch2 得到"␣"。

提示："␣"代表一个空格。

用于输入 / 输出的常用格式说明符相同。

（2）使用 rand( ) 函数时，在程序的开头需要加上命令行 #include <stdlib.h>。

（3）多次运行本程序可以看到，每次给学生出的算术题是一样的，为了每次出的题目相互独立，在产生数之前加语句"srand(time(0));"，而且在程序的开头加命令行 #include <time.h>。可参见实例 3.2。

1.4.2　单个字符输入 / 输出函数的使用

输入和输出单个字符，除了可以用 scanf( ) 和 printf( ) 函数外，还可以使用 getchar( ) 和 putchar( ) 等函数。

【实例 1.9】 编写程序，根据输入的一个字母，计算下一个字母并输出。

1．编程思路

用 getchar( ) 函数可以给某变量输入一个字符，对字符加 1 得到其下一个字符。输出一个字符用 putchar( ) 函数。

2．程序代码

```
#include <stdio.h>
int main(void)
```

```
{   char ch;
    ch=getchar();      // 从键盘输入一个字符,并将该字符存放在 ch 中
    ch=ch+1;
    putchar(ch);
    putchar('\n');
    return 0;
}
```

3．运行结果

4．归纳分析

（1）getchar( ) 函数一般采用如下形式使用。

变量名 =getchar();

其作用是将键盘输入的一个字符赋给 "=" 左侧变量。

（2）putchar( ) 函数一般采用如下形式使用。

putchar(变量名或一个字符);

如 putchar(ch)、putchar('\n'),其作用分别是输出变量 ch 中的字符和换行符。

（3）语句 "ch=getchar();" 等价于 "scanf("%c",&ch);",而语句 "putchar(ch); putchar('\n');" 等价于 "printf("%c\n",ch);"。

1.5　画顺序结构的流程图

本章中介绍的所有程序有一个共同特点,那就是程序中的所有语句都是从上到下逐条执行,这样的程序结构叫作顺序结构。

【实例 1.10】　画出实例 1.9 中程序的流程图。

1．画流程图的方法

从上到下逐条画,每个框要用连接线连接。

2．流程图

流程图如图 1.10 所示。

3．归纳分析

（1）流程图是描述问题处理步骤的一种常用的图形工具,它由一些框和流程线组成。用流程图描述问题的处理步骤,形象直观,便于阅读。

（2）画流程图时必须按照功能选用相应的流程图符号,流程图符号如表 1.2 所示。

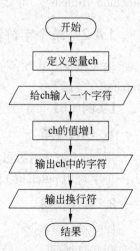

图 1.10　实例 1.10 的流程图

表 1.2　流程图符号

符 号 名 称	符　　　号	使 用 场 合
起止框	⬭	用于开始和结束处
输入 / 输出框	▱	用于输入和输出语句
处理框	▭	用于各种处理
判断框	◇	用于判断条件
流程线	⇄ ↓↑	用于执行方向
连接点	◯	用于流程图的延续

(3) 结构化程序设计有 3 种基本结构, 即顺序结构、分支结构和循环结构。用这 3 种基本结构可以编写各种复杂程序。在第 2 章和第 3 章分别介绍分支结构和循环结构。

1.6　贯穿教学全过程的实例——公交一卡通管理程序（1）

本书将分七次介绍公交一卡通管理程序, 其目的是通过较大的案例使学习者尽早了解编写应用程序的过程, 逐步掌握设计算法。

公交一卡通管理程序是用来模拟实现公交一卡通系统的部分功能。基本功能有创建数据文件、添加新卡、注销旧卡、坐车读卡、卡内续钱、显示所有卡的信息和统计数据等。每张卡的基本信息包括卡号、用户名、卡内余额、卡是否被注销的标记和是学生卡还是成人卡的标记等。

本节只实现显示功能, 涉及的知识点是顺序结构。

1. 功能描述

程序开始运行时显示如图 1.11 所示的欢迎界面。延时 2 秒后显示如图 1.12 所示的菜单界面。继续按任意键, 显示如图 1.13 所示的显示卡信息界面。

图 1.11　欢迎界面

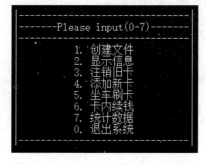

图 1.12　菜单界面

图 1.13　显示卡信息界面

2. 编程思路

本实例可用多个 printf( ) 函数实现。界面中为修饰用的边框线可以通过 printf( ) 函数输出"|""="和"–"等字符的方式实现。按指定格式输出时，整型、字符串、双精度型数据分别使用 %d、%s 和 %1f 格式说明符。暂停操作用 getch( ) 函数实现。为了输出界面整洁，使用 system( ) 函数清屏。

3. 程序代码

```
#include <stdio.h>
#include <conio.h>              // 使用 getch() 函数时加此命令行
#include <stdlib.h>             // 使用 system() 函数时加此命令行
#include <windows.h>            // 使用 Sleep() 函数时加此命令行
int main(void)
{   printf("\n\t\t||===================================||");
    printf("\n\t\t||-----------------------------------||");
    printf("\n\t\t||-------------    Welcome   ---------||");
    printf("\n\t\t||------------  use bus traffic  ----------||");
    printf("\n\t\t||--------------    card    -------------||");
    printf("\n\t\t||-----------------------------------||");
    printf("\n\t\t||===================================||");
    Sleep(2000);               // 欢迎界面延时 2 秒

    system("cls");             // 清屏
    printf("\n");
    printf("\n\t\t|-----------------------------------|");
    printf("\n\t\t|------------Please input(0-7)-----------|");
    printf("\n\t\t|-----------------------------------|");
    printf("\n\t\t|             1. 创建文件              |");
    printf("\n\t\t|             2. 显示信息              |");
    printf("\n\t\t|             3. 注销旧卡              |");
    printf("\n\t\t|             4. 添加新卡              |");
    printf("\n\t\t|             5. 坐车刷卡              |");
    printf("\n\t\t|             6. 卡内续钱              |");
    printf("\n\t\t|             7. 统计数据              |");
    printf("\n\t\t|             0. 退出系统              |");
    printf("\n\t\t|-----------------------------------|");
    printf("\t\t\n");
    getch();                   // 等待输入一个字符，但字符不显示在屏幕上，也不等待回车符

    system("cls");
```

```
        printf("\n|----------|-----------|-----------|----------|");
        printf("\n|    卡号    |    用户名    |   卡内余额   |  乘客信息  |");
        printf("\n|----------|-----------|-----------|----------|");
        printf("\n| %5d  |  %8s   |   %7.2lf  |   %3d   |",1,"test",100.0,1);
        printf("\n|----------|-----------|-----------|----------|\n");
        return 0;
    }
```

4．归纳分析

（1）printf()函数中，双引号里边的内容原样输出，因此经常使用该函数输出 "|"、"="、"-"和"~"等字符的修饰输出界面。

（2）按指定格式输出时，可以给出宽度。输出整型数据时，使用 %d 格式说明符，%5d 控制输出项占 5 位；输出字符串时，使用 %s 格式说明符，%8s 控制输出项占 8 位；输出单精度和双精度数据时，分别使用 %f 和 %lf 格式说明符，%7.2lf 控制输出项占 7 位，其中小数点后数字占两位，小数点占一位，因此小数点前面数字只能占 4 位。%5d、%8s、%7.2lf 都用于右对齐，%-5d、%-8s、%-7.2lf 用于左对齐。

（3）运行程序时首先显示欢迎界面，延时 2 秒后，自动进入主菜单，实现延时功能使用的是 Sleep() 函数，该函数的计时单位是毫秒，Sleep(2000) 表示延时 2 秒。Sleep() 函数所在的头文件是 windows.h。

（4）由于输出的数据大都以表格形式呈现，因此需要使用多个 printf() 函数对齐输出内容。在欢迎界面中共输出 7 行信息，其中第一行中有 36 条横线和 4 条竖线，共有 40 个字符，以此类推，每行均按照该宽度设置字符，这样可使界面的输出样式整洁美观。如果菜单中显示汉字内容，每个汉字所占的空间相当于两个英文字符的宽度。

（5）程序运行时，经常需要暂停，然后按任意键继续运行。此功能可以使用 getchar() 或 getch() 等函数实现，但它们有如下区别。

① 使用 getchar() 函数时，在输入一个字符后再按 Enter 键才能接收该字符；而使用 getch() 函数时，不等按 Enter 键立刻接收所输入的字符。

② 使用 getchar() 函数时，在屏幕上能够看到所输入的字符，而使用 getch() 函数时则看不到。

本实例只是实现示意性的界面，在 2.5 节使用 switch 语句实现菜单中选择选项的功能。

1.7 本 章 总 结

1．顺序结构

（1）使用顺序结构的场合

从上到下逐条执行而且每一条语句只被执行一次时使用顺序结构。一般按照输入、处理、输出的步骤确定顺序。

（2）顺序结构的流程图

顺序结构的流程图如图 1.14 所示。

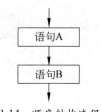

图 1.14 顺序结构流程图

2．常量

常量的常用数据类型有基本整型、长整型、双精度实型和字符型。C 语言将实型常量均作为双精度实型常量。

为了书写和使用方便，有时用一个标识符来表示一个常量，称为符号常量。符号常量的定义形式如下：

#define 标识符 常量

C 语言在对程序进行编译时，凡程序中出现该标识符的地方均用该常量替换。

3．变量

变量的常用数据类型有基本整型、长整型、单精度实型、双精度实型和字符型。

变量必须先定义后使用。定义变量时根据要存放的数据合理选择数据类型。

在 C 语言中，定义变量的过程只是向系统申请存储单元的过程，所以定义变量后，该变量中的值是不确定的。为了防止使用不确定值的变量，定义变量时可以对其赋 0。如"int a=0,b=0;"。将定义变量的同时给变量赋初值的操作叫作变量的初始化。

4．算术运算符和赋值运算符

算术运算符的优先级高于赋值运算符，算术运算符的结合方向是自左至右，而赋值运算符的结合方向是自右至左。使用算术运算符和赋值运算符时要注意数据类型转换问题。

（1）在进行算术运算时，如果运算量的数据类型不一致，系统会自动先把类型统一。统一类型的原则参见图 1.9。

（2）在进行赋值运算时，如果赋值运算符两侧的数据类型不一致，则系统自动先把右侧表达式的结果按赋值号左侧变量的类型进行转换。

（3）数据的转换除了系统自动完成外，也可以用强制类型转换的方法人为完成。

（4）在 C 语言中，任何一个表达式都有唯一的值。例如，算术表达式的值是算式的计算结果，而赋值表达式的值是"="左侧变量所得到的值。

5．输入／输出函数

C 语言不提供专门的输入／输出语句，所以借用标准库函数中提供的输入／输出函数进行。C 语言提供大量的输入／输出函数，它们的信息在头文件 stdio.h 中，因此使用它们时只要把该文件包含进来就可以像自己编写的代码一样使用其中的函数。需要按指定格式输入／输出时分别使用 scanf( ) 和 printf( ) 函数。指定格式通过格式说明符给出，常用的格式说明符如表 1.3 所示。

表 1.3　常用的格式说明符

类　　型		格　　式	使 用 场 合
整型	int 型	%d	输入／输出基本整型数据时
	long 型	%ld	输入／输出长整型数据时
实型	float 型	%f	以小数形式输入／输出单精度实型数据时
		%e	以指数形式输入／输出单精度实型数据时
	double 型	%lf	用小数形式输入／输出双精度实型数据时
		%le	以指数形式输入／输出双精度实型数据时

类　　型	格　式	使 用 场 合
字符型　char 型	%c	输入/输出单个字符时

格式说明符中还可以指定宽度及数据对齐方向,参见表1.4。

表 1.4　指定宽度及数据对齐方向

举　　例	输出结果	说　　明
printf("%5d",123);	⊔⊔123	占 5 位,右对齐,左边补空格
printf("%-5d",123);	123⊔⊔	占 5 位,左对齐,右边补空格
printf("%3d",1234);	1234	超出指定宽度时不受宽度限制
printf("%6.1f",123.45);	⊔123.5	占 6 位,小数点后 1 位,右对齐,左边补空格
printf("%.1f",123.45);	123.5	小数点后占 1 位

在 scanf 的格式控制字符串中一般不加其他普通字符和转义字符,在使用该函数前,建议先用 printf( ) 函数在屏幕上显示提示信息。

输入/输出单个字符时使用 getchar( ) 和 putchar( ) 函数较简便。

思　考　题

1. 假设 a 和 b 均为 int 型变量,变量 ave 中存放这两个数的平均值,则 ave 应定义为什么数据类型? 计算平均值的语句如何写?

2. 若将数字字符 9 转换为数字 9,应怎样操作?

3. 9/2 的值是什么? 9/2.0 的值是什么?

4. 当算术表达式中的运算量是 char 型和 float 型时,系统会如何处理? 结果是什么类型?

上　机　练　习

1. 编写程序,计算一个长方体的表面积和体积。

2. 编写程序,计算数学表达式 $\dfrac{2n}{n+m}$ 的值,其中 n 和 m 的值由键盘输入。

3. 编写程序,在屏幕上输出 "I ♥ you,I like ♫ .Today is ☼ ."。

4. 编写程序,输入三个数字字符,将它们转换为一个整数后输出。如输入三个数字字符 3、2 和 1,则输出一个整数 321。

5. 自由设计欢迎界面 (参考图 1.11),其下面显示自己的姓名和生日,然后输出英语、物理和数学三门课的学时数 (模拟的)。

自　测　题

1. 根据图 1.15 所示的流程图编写程序。

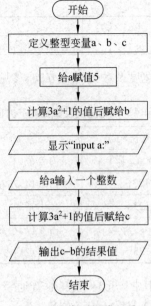

图 1.15　自测题流程图

2．根据注释补充下面的代码。

```c
#include <stdio.h>
int main(void)
{   _____        // 定义整型变量 x

    x=1*2*3*4;
    _____        // 计算 5!，要求用 x 中的值乘以 5 后再赋给 x
    _____        // 输出 x 的值
    return 0;
}
```

3．下面程序的功能是：从键盘输入一个学生的成绩存放在变量 score 中，给该成绩加附加分 5 分后，输出最终成绩（小数点后只输出 1 位）。请填空。

```c
#include <stdio.h>
int main(void)
{   【1】 ;

    printf("Input score:");
    scanf("%lf", 【2】 );
    score= 【3】 ;
    printf("score= 【4】 \n",score);
    return 0;
}
```

运行结果：

```
Input score:84.5
score=89.5
```

4. 编写程序,用字母 T 初始化一个变量,通过该变量计算对应的小写字母后赋给另一个变量,最后通过这两个变量输出 T 和对应的小写字母,以及对应的 ASCII 码值。参考运行结果如下:

```
T----84
t----116
```

自测题参考答案

1.

```
#include <stdio.h>
int main(void)
{   int a,b,c;
    a=5;
    b=3*a*a+1;
    printf("input a:");
    scanf("%d",&a);
    c=3*a*a+1;
    printf("c-b=%d\n",c-b);
    return 0;
}
```

2.

```
int x;
x=x*5;
printf("5!=%d\n",x);
```

3.

【1】double score

【2】&score

【3】score+5

【4】%.1lf

4.

```
#include <stdio.h>
int main(void)
{   char a='T',b;
    b=a+32;
    printf("%c----%d\n",a,a);
    printf("%c----%d\n",b,b);
    return 0;
}
```

第2章 分支结构

学习目标

1. 掌握关系运算符、逻辑运算符的用法。
2. 了解条件运算符的用法。
3. 掌握 if 语句和 switch 语句。
4. 掌握分支结构以及画分支结构的流程图。
5. 掌握用 F10 键单步执行程序的方法。
6. 会处理少量数据中的最大值以及排序问题。
7. 掌握求分段函数值等方法。
8. 掌握判断大小写字母的方法。

在日常生活中,经常需要根据不同的情况处理不同的问题,这时需要用到分支结构。分支结构是结构化程序设计中的三种基本结构之一。在 C 语言中,通常利用 if、switch 语句等处理分支结构的问题。

2.1 if 语句

2.1.1 学习使用关系运算符和 if 语句

在日常生活中经常需要处理具有两个分支的问题,例如,如果明天不下雨,则去郊游,否则在教室内组织活动。在 C 语言中,这类问题需要使用 if 语句解决,而判断操作通常使用关系运算符。

【实例 2.1】 编写程序,判断输入的整数是否为 6,若是 6,则显示 "Right!" 和 "Great!",否则显示 "Wrong!" 和 "Sorry!"。

1. 编程思路

要显示 "Right!" 和 "Great!",应执行 "printf("Right!\n");" 和 "printf("Great!\n");" 语句;要显示 "Wrong!" 和 "Sorry!",应执行 "printf("Wrong! \n");" 和 "printf("Sorry!\n");" 语句。本题需要根据所输入的值 (假设赋给 a) 是否为 6 来选择执行相应的两条语句。在 C 语言中判断 a 中的值是否为 6,可使用 "if(a==6)" 的形式。

本实例的流程图如图 2.1 所示。

2. 程序代码

```
#include <stdio.h>
int main(void)
```

```
{   int a=0;

    printf("Input a:");
    scanf("%d",&a);
    printf("a=%d\n",a);

    if(a==6)                                    // if 语句开始
    {   printf("Right!\n");
        printf("Great!\n");
    }
    else
    {   printf("Wrong!\n");
        printf("Sorry!\n");
    }                                           // if 语句结束
    return 0;
}
```

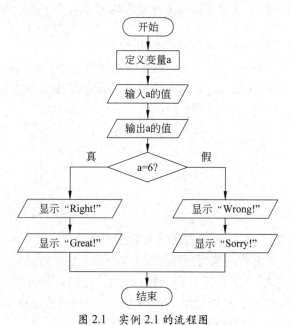

图 2.1 实例 2.1 的流程图

3．运行结果

第 1 次运行结果：

第 2 次运行结果：

4．归纳分析

（1）程序中所使用的运算符"=="是关系运算符。

C 语言中提供的关系运算符共有六种："＞"（大于）、"＞="（大于等于）、"＜"（小于）、"＜="（小于等于）、"=="（等于）和"!="（不等于）。其中"＞""＞=""＜"和"＜="的优先级高于"=="和"!="，结合方向是自左至右。

（2）程序中的"a==6"是关系表达式。

用关系运算符把两个 C 语言表达式连接起来的表达式称为关系表达式。关系运算的判断结果只有"真"或"假"两种可能，关系成立时为"真"，不成立时为"假"。

关系表达式的值只能是 1 或 0，当关系运算的判断结果为"真"时，关系表达式的值为 1，否则，关系表达式的值为 0。例如，当 a 的值为 6 时，关系表达式"a==6"的值为 1；当 a 的值为 5 时，关系表达式"a==6"的值为 0。

> 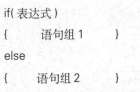注意：在关系表达式中不要把关系运算符"=="误写成"="。如果本程序中把关系表达式"a==6"误写成赋值表达式"a=6"，则不管 a 的原来值是多少，表达式"a=6"的结果永远为"真"，因为赋值表达式的值等于左边变量所得到的值。

（3）程序中的"if(a==6)"是 if 语句的开始部分。

本例题需要根据"a==6"是否为"真"来选择执行不同的两条输出语句。处理两个分支的问题时常使用 if 语句。if 语句根据其后面括号中表达式的结果，选择执行某个分支程序段。if 语句的一般形式如下：

```
if( 表达式 )
{      语句组 1      }
else
{      语句组 2      }
```

if 和 else 是关键字，if 后面的表达式可以是任意一个合法的表达式。if 语句的执行过程如图 2.2 所示。当表达式的结果为"真"（即不等于 0）时，执行语句组 1；当表达式的结果为"假"（即等于 0）时，执行语句组 2。在语句组 1 和语句组 2 中只能选择执行一组。

图 2.2 if 语句的执行过程

（4）本程序通过两个数据对每一种情况进行了验证。

调试程序时，必须验证所有的可能情况，具体的测试数据根据具体情况而定，但选择测试数据的原则是用尽可能少的数据测试到各种情况。

2.1.2 认识省略 else 的 if 语句

假设某学校举办 C 语言辅导班，并规定期中成绩低于 60 分的学生必须参加。此规定仅对成绩低于 60 分的学生提出要求，而对其他学生不提出任何要求。该问题的特点是只有当某条件成立时才需要处理，否则不处理。在 C 语言中处理这种问题时使用省略 else 的 if 语句。

【实例 2.2】 编写程序，随意输入两个整数存放在变量 a 和 b 中，最后保证变量 a 中存放两个数中较大者，b 中存放两个数中较小者。

1．编程思路

由于 a 和 b 中数为随意输入的两个数，所以 a 中的数可能较大，也可能 b 中的数较大，为了保证 a 中存放两个数中的较大者，当 b 中的数较大时，需要交换 a 和 b 中的值；但如果 a 中的数较大时，则不需要交换两个变量中的值。本实例的流程图如图 2.3 所示。

2．程序代码

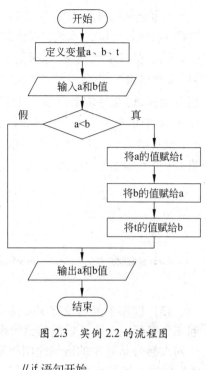

图 2.3　实例 2.2 的流程图

```c
#include <stdio.h>
int main(void)
{    int a=0,b=0,t=0;

     printf("Input a and b:");
     scanf("%d%d",&a,&b);
     printf("a=%d,b=%d\n",a,b);

     if(a<b)                          // if 语句开始
     {    t=a;
          a=b;
          b=t;
     }                                // if 语句结束
     printf("a=%d,b=%d\n",a,b);
     return 0;
}
```

3．运行结果

第 1 次运行结果：

```
Input a and b:6 8
a=6,b=8
a=8,b=6
```

第 2 次运行结果：

```
Input a and b:8 6
a=8,b=6
a=8,b=6
```

4．归纳分析

（1）程序中的 if 语句不带 else 部分，在 C 语言中这是允许的。省略 else 的 if 语句的一般形式如下：

if(表达式)

{　语句组　}

此 if 语句的执行过程如图 2.4 所示。当表达式结果为
"真"时,执行语句组;当表达式结果为"假"时,不处理。

（2）在日常生活中,如果要交换 2 个瓶子中的饮
料,需要借助一个空瓶子才能完成。2 个变量中的值
相互交换,也同样需要借助一个临时变量来完成。假
设 a、b 中值分别为 6 和 8,临时变量为 t,则第 1 步将
a 中值 6 赋给 t；第 2 步将 b 中值 8 赋给 a ；第 3 步再
将 t 中值 6 赋给 b,所执行的语句是"t=a; a=b; b=t;"。交换过程如图 2.5 所示。

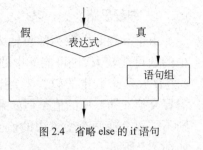

图 2.4　省略 else 的 if 语句

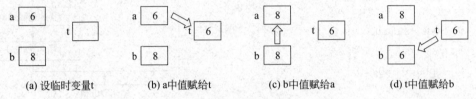

(a) 设临时变量t　　　(b) a中值赋给t　　　(c) b中值赋给a　　　(d) t中值赋给b

图 2.5　数据交换过程

（3）程序中虽然没有 else 部分,但处理交换过程的三条语句必须用一对大括号括
起来。实际上不管 if 后面的语句组,还是 else 后面的语句组,语法上都要求是一条。用
一对大括号括起来的语句组叫作复合语句,在语法上将复合语句视为一条语句。如果
if 后面的语句组或 else 后面的语句组是一条,则对该语句组可以不用大括号括起来。

（4）用单步执行的方法观察 a 和 b 的变化情况。步骤如下。

首先进行编译和连接,并修改所发现的错误。当程序中已没有语法错误,但运行结
果不正确时,可以用下面介绍的单步执行方法进行调试。

使用 F10 键可以按程序的执行顺序逐行执行（注意,不一定是一条语句）,每按一
次 F10 键,系统执行一行程序。第一次按 F10 键后,单步执行界面如图 2.6 所示。在单

图 2.6　第一次按 F10 键后单步执行界面

步执行过程中各变量的变化情况显示在窗口左下部中（见图2.7）。若在窗口右下部的
"名称"栏中输入某表达式,立即在"值"栏中显示相应的值。通过任务栏可进行编辑
界面和显示结果界面之间的切换。

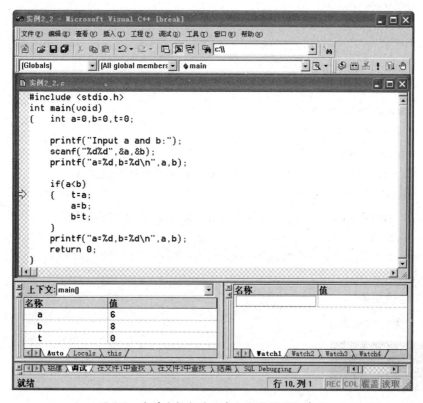

```
#include <stdio.h>
int main(void)
{   int a=0,b=0,t=0;

    printf("Input a and b:");
    scanf("%d%d",&a,&b);
    printf("a=%d,b=%d\n",a,b);

    if(a<b)
    {   t=a;
        a=b;
        b=t;
    }
    printf("a=%d,b=%d\n",a,b);
    return 0;
}
```

图 2.7　在单步执行过程中各变量的变化情况

在单步执行的过程中,如果给a和b分别输入6和8,则黄色箭头会在"t=a;"处停留。
再按 F10 键, t 得到 a 中的值 6,同样,再按两次 F10 键后, a 得到 b 中的值 8, b 得到 t
中的值 6,这时 a 和 b 中值已经被交换。

单步执行也可用 F11 键,但 F10 键和 F11 键的功能有一定的区别若要停止调试,选
择"调试"|"停止调试"菜单项。

【讨论题 2.1】　当 a 的值为 2 或 15 时,关系表达式 "3<=a<=8" 的值为多少?

2.1.3　学会使用逻辑运算符

处理问题时经常需要同时判断多个条件。例如,需要在档案库中搜索符合条件(如
身高 1.80 米以上,年龄 45 岁以下的男性)的人的档案时,需要使用逻辑运算符。

【实例 2.3】　编写程序,判断某人的体重是否在 50 ~ 55 千克,若在此范围之内,
显示 Yes,否则显示 No。

1. 编程思路

先将体重存放在变量 w 中,要使 w 的值在 50 ~ 55 范围内,应同时满足 w>=50 和
w<=55。在 C 语言中用 w>=50 && w<=55 表示 w 的值是否同时满足该条件。

2．程序代码

```c
#include <stdio.h>
int main(void)
{   float w=0.0;

    printf("Input w:");
    scanf("%f",&w);
    printf("w=%.1f\n",w);

    if(w>=50 && w<=55)
        printf("Yes\n");        // 语句组只有一条，不必用大括号括起来
    else
        printf("No\n");         // 语句组只有一条，不必用大括号括起来
    return 0;
}
```

3．运行结果

第 1 次运行结果：

```
Input w:53.5
w=53.5
Yes
```

第 2 次运行结果：

```
Input w:60.7
w=60.7
No
```

4．归纳分析

（1）程序中所使用的运算符"&&"是逻辑运算符。

C 语言中提供的逻辑运算符共有三种："&&"（逻辑与）、"||"（逻辑或）和"!"（逻辑非）。这三个运算符按从高到低的优先级顺序是"!""&&""||"，其中"!"的结合方向是自右至左，而"&&"和"||"的结合方向是自左至右。

（2）程序中的 w>=50 && w<=55 是逻辑表达式。

用逻辑运算符把两个 C 语言表达式连接起来的表达式称为逻辑表达式。逻辑运算的判断结果也只有"真"或"假"两种可能，逻辑运算的规则如下。

① 逻辑与。

当左、右两侧运算量的结果均为非 0 时，逻辑运算的判断结果为"真"。

当左、右两侧运算量的结果至少有一个为 0 时，逻辑运算的判断结果为"假"。

② 逻辑或。

当左、右两侧运算量的结果至少有一个为非 0 时，逻辑运算的判断结果为"真"。

当左、右两侧运算量的结果均为 0 时,逻辑运算的判断结果为"假"。

③ 逻辑非。

当运算量的结果为非 0 时,逻辑运算的判断结果为"假"。

当运算量的结果为 0 时,逻辑运算的判断结果为"真"。

逻辑表达式的值也只能是 1 或 0,当逻辑运算的判断结果为"真"时,逻辑表达式的值为 1;否则,逻辑表达式的值为 0。

例如,当 a 的值为 17 时,逻辑表达式"a%3 && a>10"的值为 1。因为 a%3 的结果为 2,a>10 的结果为 1,两侧运算量的结果均为非 0,则逻辑运算的判断结果为"真"。

又如,当 a 的值为 17 时,逻辑表达式"a%3==2 || a−17"的值为 1。因为 a%3==2 的结果为 1(非 0),不管"a−17"的结果为多少,逻辑运算的判断结果为"真"。

(3)程序中 if 后面的语句和 else 后面的语句均用缩进格式,其目的是突出逻辑结构,提高程序的可读性。

【讨论题 2.2】　判断某年份 y 是闰年的方法为:若该年份能被 400 整除,或能被 4 整除而不能被 100 整除,则此年为闰年,否则为平年。判断表达式应如何写?

到目前为止所介绍的运算符主要有算术运算符、赋值运算符、关系运算符、逻辑运算符,这些运算符一般情况下混合出现在一个表达式中,它们参加运算时的先后顺序是:

逻辑非　算术运算符　关系运算符　逻辑与　逻辑或　赋值运算符

先————————————————————————→后

2.1.4　学会使用嵌套的 if 语句

有些问题必须在满足某种条件后,再继续分支处理。例如,某单位男职工 60 岁退休,女职工 55 岁退休,为了判断某职工是否应退休,首先要判断该职工是男职工还是女职工,然后再根据职工性别判断年龄是否到规定年龄。这时需要使用嵌套的 if 语句。

【实例 2.4】　编写程序完善实例 2.3,若所输入的体重大于 0,再判断该体重是否在 50 ~ 55 千克,若在此范围之内,显示 Yes,否则显示 No;若所输入的体重不大于 0,则显示"Data over!"。

1．编程思路

在实例 2.3 中,输入 w 的值后立刻用 if 语句实现选择执行"printf("Yes\n");"或"printf("No\n");"的功能,但由于本题目是在 w 的值大于 0 的情况下,才能执行此 if 语句,所以在此 if 语句外面还需要套另一个 if 语句。本实例的流程图如图 2.8 所示。

2．程序代码

```c
#include <stdio.h>
int main(void)
{    float w=0.0;

    printf("Input w:");
    scanf("%f",&w);
    printf("w=%.1f\n",w);
```

```
    if(w>0)                         // 外嵌 if 语句开始
        if(w>=50 && w<=55)          // 内嵌 if 语句开始
            printf("Yes\n");
        else
            printf("No\n");         // 内嵌 if 语句结束
    else
        printf("Data over!\n");     // 外嵌 if 语句结束
    return 0;
}
```

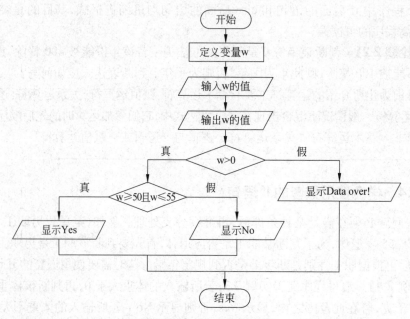

图 2.8　实例 2.4 的流程图

3．运行结果

第 1 次运行结果：

```
Input w:53.5
w=53.5
Yes
```

第 2 次运行结果：

```
Input w:60.7
w=60.7
No
```

第 3 次运行结果：

```
Input w:-1.5
w=-1.5
Data over!
```

4. 归纳分析

（1）本程序在一个 if 语句中包含了另一个 if 语句。

在 if 语句的语句组 1 或语句组 2 中又包含另一个分支结构的 if 语句称为嵌套的 if 语句。

（2）本程序中出现了两次 else。

C 语法规定，在 if 语句中，若多次出现 else，则每一个 else 总是与前面最近的未配对的 if 配对，所以本例题中第一个 else 与内嵌的 if 配对，第二个 else 与最上面的 if 配对。程序中由于采用了缩进格式，if 与 else 的配对关系一目了然。

【讨论题 2.3】 下面的程序中 else 与哪个 if 配对？运行结果是什么？

```
#include <stdio.h>
int main(void)
{   int a=3,b=4,c=0;

    if(a>b)
    {    if(b>c)   c=1; }
    else  c=2;
    printf("c=%d\n",c);
    return 0;

}
```

2.1.5 学会使用 if...else if 形式的嵌套 if 语句

在 if 语句的语句组 1 或语句组 2 中均可以包含另一个分支结构，如果只在 else 后面（即在语句组 2 中）包含另外 if 语句，则就构成了 if...else if 形式的嵌套 if 语句。我们在日常生活中经常遇到此类问题。例如，评分等级为 A、B、C、D，如果分数大于等于 85，则为 A 级，否则（即分数小于 85）继续判断；如果分数大于等于 75，则为 B 级，否则（即分数小于 75）继续判断；如果分数大于等于 60，则为 C 级，否则（即分数小于 60）为 D。

【实例 2.5】 编写程序，求下面分段函数的值，要求 x 的值从键盘输入。

$$y=\begin{cases} 0 & (x<0) \\ x+2 & (0\leqslant x<5) \\ x^2-3 & (5\leqslant x<10) \\ 10 & (x\geqslant 10) \end{cases}$$

1. 编程思路

首先判断 x 的值是否小于 0，当 x 的值小于 0 时，根据函数式 $y=0$ 计算函数值；否则再判断 x 的值是否小于 5，当 x 的值小于 5 时，再根据函数式 $y=x+2$ 计算函数值；否则继续判断 x 的值是否小于 10，当 x 的值小于 10 时，根据函数式 $y=x^2-3$ 计算函数值；否则根据函数式 $y=10$ 计算函数值。本实例的流程图如图 2.9 所示。

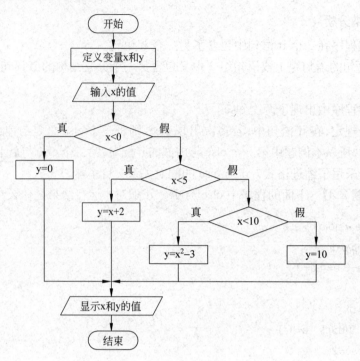

图 2.9　实例 2.5 的流程图

2．程序代码

```c
#include <stdio.h>
int main(void)
{    float x=0,y=0;

     printf("Input x:");
     scanf("%f",&x);

     if(x<0)    y=0;
     else
        if(x<5)    y=x+2;
        else
           if(x<10)    y=x*x-3;
           else    y=10;
     printf("x=%f,y=%f\n",x,y);
     return 0;
}
```

3．运行结果

```
Input x:3.5
x=3.500000,y=5.500000
```

限于篇幅,本书以后不给出所有情况的运行结果,其他情况请读者自行验证。

4. 归纳分析

本程序的特点是只在 else 后面不断包含另外的 if 语句。

只在 else 后面不断包含另外的 if 语句的嵌套 if 语句,其好处是 if 与 else 的配对关系一目了然,不容易出错,因此这种形式使用最广泛。本实例中的 if 语句一般写成如下形式。

```
if(x<0)  y=0;
else  if(x<5) y=x+2;
else  if(x<10) y=x*x−3;
else   y=10;
```

2.2　switch 语句

2.2.1　认识 switch 语句

在日常生活中经常遇到键盘命令操作。例如,乘电梯时,按 8 键到 8 层停,按 12 键到 12 层停,按 20 键到 20 层停;再如,按自动售货机上的不同按钮会落下相应的商品等。用 C 语言处理键盘命令操作,一般使用 switch 语句。当处理多分支问题时,虽然使用嵌套的 if 语句也能解决,但因为嵌套层次多,编程时容易出错,所以常使用 switch 语句。

【实例 2.6】　编写程序,从键盘输入一个字符,当输入的字符为 1、2 或 3 时,分别显示 Yes、No 或 Cancel,输入其他字符时显示"Illegal!"。

1. 编程思路

将输入的字符存放在变量 a 中,本实例有四个分支,使用 switch 语句更方便。通过 switch(a) 形式选择要执行的分支,流程图如图 2.10 所示。

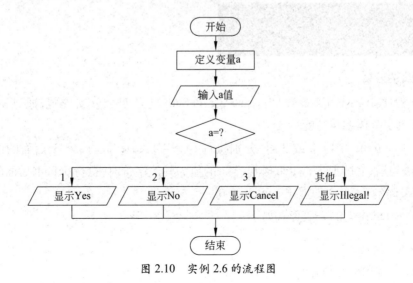

图 2.10　实例 2.6 的流程图

2．程序代码

```
#include <stdio.h>
int main(void)
{   char a='\0';

    printf("1:Yes    2:No    3:Cancel\n");
    printf("Please choose:");
    a=getchar();

    switch(a)                    // switch 语句开始
    {   case '1': printf("Yes\n");  break;
        case '2': printf("No\n");  break;
        case '3': printf("Cancel\n");  break;
        default:  printf("Illegal!\n");  break;
    }                            // switch 语句结束
    return 0;
}
```

3．运行结果

第 1 次运行结果：

```
1:Yes       2:No       3:Cancel
Please choose:2
No
```

第 2 次运行结果：

```
1:Yes       2:No       3:Cancel
Please choose:5
Illegal!
```

4．归纳分析

（1）程序中 case '1'、case '2'、case '3'、default 处是四个分支位置，通过 switch(a) 中 a 的值决定具体要执行的分支。

（2）当 a 的值为 1、2 或 3 时，分别执行 case '1'、case '2'、case '3' 后面的语句，遇到 break 语句后，立即退出 switch 语句；当 a 的值为其他字符时，执行 default 后面的语句，遇到 break 语句后，也立即退出 switch 语句。

（3）switch 语句的一般形式如下：

```
switch( 表达式 )
{   case  表达式 1: 语句组 1  break;
```

```
case 表达式 2: 语句组 2  break;}
              ⋮
case 表达式 n: 语句组 n  break;
default:  语句组 n+1 break;
}
```

其中，switch、case、default 和 break 是关键字，所有表达式均为整型或字符型。在表达式 1、表达式 2、…、表达式 n 中只能出现常量和运算符，而且每个表达式的值不能相等。

switch 语句的执行过程是先用 switch 后面的表达式值逐个与 case 后面的表达式值比较，如果找到值相等的表达式，则开始执行相应 case 后的语句组。当执行 break 语句时，退出 switch 语句，如果未找到匹配的表达式，则执行 default 后面的语句组。当执行 break 语句时，也退出 switch 语句。

（4）使用 switch 语句处理分支结构时，不能随意丢掉 break 语句，否则无法实现分支效果。例如，运行如下程序，运行时从键盘输入 2，则输出完 No 后又输出 Cancel。

```c
#include <stdio.h>
int main(void)
{   char a='\0';

    printf("1:Yes    2:No    3:Cancel   0:Exit\n");
    printf("Please choose:");
    a=getchar();

    switch(a)
    {   case '1': printf("Yes\n");
        case '2': printf("No\n");
        case '3': printf("Cancel\n"); break;
        case '0': printf("Exit\n");
    }
    return 0;
}
```

运行结果：

```
1:Yes      2:No       3:Cancel    0:Exit
Please choose:2
No
Cancel
```

执行 switch 语句时，输入选项 2，则根据 switch 后面表达式的 2（即 a 的值），开始执行 case '2' 后面的语句 "printf("No\n");"，由于没有 break 语句，程序流程不退出

switch 语句,继续执行 case '3' 后面的语句"printf("Cancel\n"); break;"。需要注意的是,这时不再判断 a 的值是否等于 3,而无条件地直接执行此两条语句,执行其中 break 语句后退出 switch 语句。

本程序没有 default 部分,这在 C 语言中是允许的,但是这种形式的 switch 语句对非法数据不能进行处理,因为如果找不到对应的 case 分支,程序流程则不进入 switch 语句。

如果程序运行时输入的是 0,则执行 case '0' 后面的语句"printf("Exit\n");"后也退出 switch 语句。在 switch 语句的最后一个分支中可以不用 break 语句,因为程序遇到了 switch 语句后的"}"时也会退出 switch 语句。

2.2.2 多个 case 语句相同情况的处理

有时在多个不同分支中需要处理的操作相同,例如,在键盘上按大写字母 A 或小写字母 a 时都显示 again,按大写字母 E 或小写字母 e 时都显示 end,这时可以简化 switch 语句。

【实例 2.7】 假设要处理的年份是 2020 年,编写程序,输入该年的某月份,输出该月的天数。

1. 编程思路

我们知道 1 月、3 月、5 月、7 月、8 月、10 月、12 月的天数是 31 天,2 月的天数是 29 天,4 月、6 月、9 月、11 月的天数是 30 天,要输出某月的天数,需要处理 13 个分支（分别是 1 月、2 月、……、12 月和非法数据）。

2. 程序代码

```
#include <stdio.h>
int main(void)
{    int month=0,day=0;

    printf("Input month:");
    scanf("%d",&month);

    switch(month)
    {    case 1:
        case 3:
        case 5:
        case 7:
        case 8:
        case 10:
        case 12: day=31;  break;
        case 2: day=29;  break;
        case 4:
        case 6:
```

```
        case 9:
        case 11: day=30;  break;
        default:  day=−1;
    }
    if(day!=−1)  printf("month=%d,day=%d\n",month,day);
    else printf("Illegal!\n");
    return 0;

}
```

3. 运行结果

第 1 次运行结果：

```
Input month:8
month=8,day=31
```

第 2 次运行结果：

```
Input month:13
Illegal!
```

4. 归纳分析

（1）运行程序时输入 8，则执行 case 8 后面的语句，但其后没有语句，所以要执行 case 10 后面的语句。由于其后也没有语句，因此执行 case 12 后面的语句。

（2）当输入非法数据时，给 day 变量赋−1。由于输入合法数据时 day 的值不能是负数，所以根据 day 的值可以判断输入的数据是否是非法数据。

【讨论题 2.4】 如果年份不一定是 2020 年，而要求从键盘输入，则 case 2 后面的语句 "day=29; break;" 应如何改？

2.2.3 用 switch 语句的技巧计算分段函数的值

switch 语句常用于处理多分支结构，每个分支根据 case 后面表达式的值确定，但实际问题中经常遇到根据某个范围选择各分支。例如，计算分段函数的值时，需要根据自变量的不同取值范围，选用相应的函数关系式计算函数值。这时常使用一种技巧，将各取值范围转化为具体的值后再使用 switch 语句。

【实例 2.8】 改写实例 2.5。编写程序，求下面分段函数的值，要求 x 的值从键盘输入。

$$y=\begin{cases} 0 & (x<0) \\ x+2 & (0\leqslant x<5) \\ x^2-3 & (5\leqslant x<10) \\ 10 & (x\geqslant 10) \end{cases}$$

1. 编程思路

在实例 2.5 中采用嵌套的 if 语句解决了此问题，本实例采用 switch 语句实现。switch 语句中 case 后面要求具有特定值的表达式，而不能是某个范围，因此本题需要将范围转化为具体的值。下面的表达式将范围 x<0 转化为 1、0<=x<5 转化为 2、5<=x<10 转化为 3、x>=10 转化为 4。

> 1*(x<0)+2*(x>=0 && x<5)+3*(x>=5 && x<10)+4*(x>=10)

例如，当变量 x 的值为 3 时，表达式 x<0、x>=5 && x<10、x>=10 均为"假"，其值均为 0，而表达式 x>=0 && x<5 为"真"，其值为 1，因此上面表达式的值为 2（即 $1×0+2×1+3×0+4×0$）。

2．程序代码

```
#include <stdio.h>
int main(void)
{   float x=0,y=0;
    int k=0;

    printf("Input x:");
    scanf("%f",&x);
    k=1*(x<0)+2*(x>=0 && x<5)+3*(x>=5 && x<10)+4*(x>=10);

    switch(k)
    {   case 1: y=0;  break;
        case 2: y=x+2;  break;
        case 3: y=x*x-3;  break;
        case 4: y=10;  break;
    }
    printf("x=%f,y=%f\n",x,y);
    return 0;
}
```

3．运行结果

```
Input x:3.5
x=3.500000,y=5.500000
```

4．归纳分析

（1）在实际应用中经常需要处理分段函数，在 C 语言中可以通过本实例所采用的方法将范围转化为具体的值。

（2）若将范围 A、B、C 转化为具体的值 a、b、c，则采用公式 a×A+b×B+c×C。

【讨论题 2.5】 假设评分等级为 A、B、C、D，当分数在 85～100 分范围内时为 A 级，在 75～84 分范围内时为 B 级，当分数在 60～74 分范围内时为 C 级，当分数在 60 分以下时为 D 级。为了用 switch 语句处理问题，如何将范围 85～100 分、75～84 分、60～74 分和 60 分以下转化为具体的值 2、3、4、5？是否可以将范围转化为 0、1、2、3？

2.3　用条件运算符转换大小写字母

C 语言中条件运算符由 "?" 和 ":" 组成,例如,"a>b ? a : b"。使用条件表达式也可以实现分支结构。

【实例 2.9】　编写程序,输入一个字符,判断该字符是否是大写字母,若是,将其转换为小写字母。

1.编程思路

根据 ch 中的字符是否满足 "ch>='A' 且 ch<=' Z '" 来判断该字符是否为大写字母。

2.程序代码

```
#include <stdio.h>
int main(void)
{    char ch='\0';

     printf("Input a character:");
     ch=getchar();
     ch=ch>='A' && ch<='Z' ? ch+32 : ch;
     putchar(ch);
     printf("\n");
     return 0;
}
```

3.运行结果

4.归纳分析

(1)条件表达式的一般形式如下:

表达式 1? 表达式 2 :表达式 3

当表达式 1 的值为非 0 时,以表达式 2 的值作为条件表达式的值,否则,以表达式 3 的值作为条件表达式的值。例如,当 a>b 成立时,条件表达式 "a>b ? a : b" 的值为 a 中的值,否则为 b 中的值。

(2)条件运算符是唯一的三目运算符,即需要 3 个运算量的运算符。它的优先级仅高于赋值运算符。

(3)语句 "ch=ch>='A' && ch<='Z' ? ch+32 : ch;" 与如下 if 语句完全等价。

```
if(ch>='A' && ch<='Z')
    ch=ch+32;
```

2.4 程 序 举 例

2.4.1 掌握三个数中求最大数的方法

在日常生活中经常遇到求最大值的问题。例如，求某班学生中的最高总评成绩、最大年龄、最高学生的身高等。求最大数的问题一般采用逐个去比较的方法。

【实例 2.10】 编写程序，输入三个整数，找出其中最大数。

1. 程序代码

```c
#include <stdio.h>
int main(void)
{   int  a=0,b=0,c=0,max=0;

    printf("Input a,b,c:");   scanf("%d%d%d",&a,&b,&c);
    max=a;                                // max 中存放第一个数

    if(max<b) max=b;                      // max 中存放前两个数中较大数
    if(max<c) max=c;                      // max 中存放三个数中最大数
    printf("a=%d,b=%d,c=%d,max=%d\n",a,b,c,max);
    return 0;
}
```

2. 运行结果

```
Input a,b,c:5 10 9
a=5,b=10,c=9,max=10
```

2.4.2 掌握三个数排序的方法

在日常生活中也经常需要处理排序问题。例如，将某班学生的总评成绩按从高到低的顺序排序、将某商品按其销售量的多少排序、将某单位职工按工资高低排序等。排序问题的解决方法很多，本小节采用冒泡法。

【实例 2.11】 编写程序，输入三个整数，将它们按从小到大的顺序排序。

1. 程序代码

```c
#include <stdio.h>
int main(void)
{   int  a=0,b=0,c=0,t=0;

    printf("Input a,b,c:"); scanf("%d%d%d",&a,&b,&c);
    printf("a=%d,b=%d,c=%d\n",a,b,c);      // 输出排序前的数据
```

```
if(a>b)                              // 如果第 1 个数比第 2 个数大
{ t=a; a=b; b=t; }                   // 交换 a、b 这两个数
if(b>c)                              // 如果前两个数的较大值比第 3 个数大
{ t=b; b=c; c=t; }                   // 交换 b、c 这两个数,此操作后 c 中已存放最大值
if(a>b)                              // 如果新的第 1 个数比新的第 2 个数大
{ t=a; a=b; b=t; }                   // 交换 a、b 这两个数

printf("a=%d,b=%d,c=%d\n",a,b,c);    // 输出排序后的数据
return 0;
}
```

2. 运行结果

```
Input a,b,c:8 9 3
a=8,b=9,c=3
a=3,b=8,c=9
```

2.4.3　熟悉菜单设计操作

在日常生活中经常遇到选择菜单的操作,例如,用 ATM 自动取款机取钱时,从菜单中可以选择语种、取款额;用自动服务系统给手机充值时,可以选择查余额还是充值,对本机充值还是对其他号码充值等。这些问题一般使用 switch 语句解决。

【实例 2.12】　编写程序,在如下菜单中选择一个运算类型,并进行相应的运算。如选择了加法,则进行求和运算。

```
Please choose
+ : addition
− : subtraction
∗ : multiplication
/ : division
```

1. 程序代码

```c
#include <stdio.h>
int main(void)
{   float a=5.0,b=2.0,c=0.0;
    char sym='\0';

    printf("Please choose\n");
    printf("+ : addition\n");
    printf("− : subtraction\n");
    printf("∗ : multiplication\n");
    printf("/ : division\n");
```

```
sym=getchar();
printf("%f%c%f=",a,sym,b);                    // 显示算式

switch(sym)                                    // 计算算式
{   case '+': c=a+b; break;
    case '−': c=a−b; break;
    case '*': c=a*b; break;
    case '/': c=a/b; break;
}
printf("%f\n",c);                              // 显示结果
return 0;
}
```

2. 运行结果

```
Please choose
+ : addition
− : subtraction
* : multiplication
/ : division
/
5.000000/2.000000=2.500000
```

【讨论题 2.6】 如何完善实例 2.12 中的功能？例如，需要从键盘输入两个运算数、考虑除数为 0 的情况、考虑输入非法运算符的情况等。

2.5 贯穿教学全过程的实例——公交一卡通管理程序（2）

本节完善 1.6 节中的贯穿实例，实现菜单的选择功能。涉及的知识点是顺序结构与分支结构。

1. 功能描述

（1）程序开始运行时显示如图 1.11 所示的欢迎界面，延时 2 秒后，显示如图 1.12 所示的菜单界面。

（2）在菜单中选择 1 ~ 7 的数字时，显示以后在此要实现的功能，如菜单中选择 6 时，显示如图 2.11 所示的界面。

（3）在菜单中选择 0 时，显示"谢谢使用本系统!"，关闭系统。

（4）当输入非法选项时，显示"输入错误，请重新选择!"。

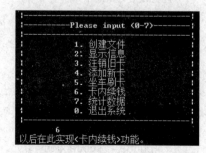

图 2.11 菜单中选择 6 后的输出界面

2. 编程思路

本实例需要在菜单中输入选项，并根据不同的选项显示不同的信息，这是一个多

分支结构的问题,可以用嵌套的 if...else 语句实现,也可以用 switch 语句实现。但使用 switch 语句层次更清晰、更容易阅读,因此本程序用 switch 语句实现。

3．程序代码

```
#include <stdio.h>
#include <conio.h>
#include <stdlib.h>
#include <windows.h>
int main(void)
{    char choose='\0';

    system("cls");
    printf("\n\t\t||====================================||");
    printf("\n\t\t||------------------------------------||");
    printf("\n\t\t||-------------   Welcome   ----------||");
    printf("\n\t\t||-----------  use bus traffic  ----------||");
    printf("\n\t\t||--------------   card   ---------------||");
    printf("\n\t\t||------------------------------------||");
    printf("\n\t\t||====================================||");
    Sleep(2000);

    system("cls");
    printf("\n");
    printf("\n\t\t|-----------------------------------|");
    printf("\n\t\t|-----------Please input (0~7)-----------|");
    printf("\n\t\t|-----------------------------------|");
    printf("\n\t\t|                    1.创建文件                    |");
    printf("\n\t\t|                    2.显示信息                    |");
    printf("\n\t\t|                    3.注销旧卡                    |");
    printf("\n\t\t|                    4.添加新卡                    |");
    printf("\n\t\t|                    5.坐车刷卡                    |");
    printf("\n\t\t|                    6.卡内续钱                    |");
    printf("\n\t\t|                    7.统计数据                    |");
    printf("\n\t\t|                    0.退出系统                    |");
    printf("\n\t\t|-----------------------------------|");
    printf("\n\t\t\t");
    scanf(" %c",&choose);
    switch(choose)
    {    case '1':    printf("\t\t 以后在此实现 < 创建文件 > 功能。\n");         break;
```

```
        case '2':  printf("\t\t 以后在此实现 < 显示信息 > 功能。\n");        break;
        case '3':  printf("\t\t 以后在此实现 < 注销旧卡 > 功能。\n");        break;
        case '4':  printf("\t\t 以后在此实现 < 添加新卡 > 功能。\n");        break;
        case '5':  printf("\t\t 以后在此实现 < 坐车刷卡 > 功能。\n");        break;
        case '6':  printf("\t\t 以后在此实现 < 卡内续钱 > 功能。\n");        break;
        case '7':  printf("\t\t 以后在此实现 < 统计数据 > 功能。\n");        break;
        case '0':  printf("\t\t 谢谢使用本系统！\n"); exit(0);              break;
        default: printf("\t\t 输入错误，请重新选择！\n");
    }
    return 0;
}
```

4．归纳分析

（1）编写程序时，应该注意程序的健壮性，如果用户输入非法数据，应该及时给出错误信息。

（2）编写程序时，应该给出正常的程序出口，本程序选择 0 时，使用 exit( ) 函数退出系统。exit( ) 函数的功能是结束整个程序的运行，使用该函数时，程序的开头需要加 #include <stdlib.h>。

本实例只能显示一次菜单，在 3.6 节使用循环语句将会完善本实例，使程序能够在重复显示的菜单中选择选项。

2.6　本章总结

1．关系运算符、逻辑运算符、条件运算符

C 语言提供的关系运算符共有六种：">"">=""<""<=""=="和"!="。其中 ">"">=""<"和"<="的优先级高于"=="和"!=",结合方向是自左至右。

关系表达式的值只能是 1 或 0,当关系运算的判断结果为"真"时，关系表达式的值为 1；否则，关系表达式的值为 0。

C 语言提供的逻辑运算符共有三种："&&""||"和"!"。这 3 个运算符按高到低的优先级顺序是"!""&&""||",其中"!"的结合方向是自右至左，而"&&"和"||"的结合方向是自左至右。

逻辑表达式的值也只能是 1 或 0,当逻辑运算的判断结果为"真"时，逻辑表达式的值为 1；否则，逻辑表达式的值为 0。

C 语言中条件运算符由"?"和":"组成，条件表达式的一般形式如下：

表达式 1? 表达式 2: 表达式 3

当表达式 1 的值为非 0 时，以表达式 2 的值作为条件表达式的值；否则，以表达式 3 的值作为条件表达式的值。

2．if 语句

if 语句的一般形式如下：

```
if( 表达式 )
{        语句组 1        }
else
{        语句组 2        }
```

在实际应用中,根据情况可以省略 else 部分。if 后面的表达式可以是任意一个 C 语言表达式,但通常是关系表达式或逻辑表达式。

在 if 语句的语句组 1 或语句组 2 中又包含另一个分支结构的 if 语句称为嵌套的 if 语句。C 语法规定,在 if 语句中,若多次出现 else,则每一个 else 总是与前面最近的未配对的 if 配对。

3．switch 语句

switch 语句的一般形式如下：

```
switch( 表达式 )
{   case  表达式 1: 语句组 1   break;
    case  表达式 2: 语句组 2   break;
            ⋮
    case  表达式 n: 语句组 n   break;
    default:  语句组 n+1  break;
}
```

其中，switch、case、default 和 break 是关键字,所有表达式均为整型或字符型。在表达式 1、表达式 2、…、表达式 n 中只能出现常量和运算符,而且每个表达式的值不能相等。

4．分支结构程序设计

分支结构根据分支条件的取值选择不同分支的处理程序。分支结构可用 if 语句、switch 语句、条件运算符等实现。if 一般用于实现两个分支的分支结构程序设计,嵌套的 if 语句和 switch 语句可实现多分支。

思 考 题

1．C 语言中关系表达式的可能结果是什么？如何确定关系表达式判断结果是"真"还是"假"？

2．C 语言中逻辑表达式的可能结果是什么？如何确定逻辑表达式判断结果是"真"还是"假"？

3．判断变量 ch 中的字符是否为大写英文字母,应使用的表达式是什么？

4．if 后面的表达式可以是算术表达式吗？语句 "if(a%3) printf("%f\n",a);" 是否合法？若合法,在什么情况下输出 a 的值？

5．若在 switch 语句中不使用 break 语句,语法上有错吗？若在 switch 语句中不使用 break 语句,能实现分支结构吗？

上 机 练 习

1. 随机产生一道100以内的加法题，如果用户的答案正确，显示5分，错误显示0分。

2. 计算下列分段函数的值，x 的值由键盘输入。

$$y = \begin{cases} 0 & (x \leqslant 0) \\ \sqrt{x} & (0 < x \leqslant 10) \\ 2x+3 & (x > 10) \end{cases}$$

3. 随意输入四个数存放在 a、b、c、d，编写程序，保证 a 中存放 a 和 d 中的较大数，d 中存放较小数；b 中存放 b 和 c 中的较大数，c 中存放较小数。

4. 某人打算根据西瓜的价格确定买几个西瓜。如果一个西瓜的价格是15元以上，不买西瓜，一个西瓜的价格是10～15元，买一个；一个西瓜的价格是8～10元，买两个；一个西瓜的价格是8元以下，买三个。编写程序，输入一个西瓜的价格，输出买西瓜的个数。

5. 假设已根据学生的学号将学生分成 A、B、C 三个组，分组的原则是学号为3的倍数的学生是 A 组、学号被3除后余1的学生为 B 组、剩下的学生为 C 组。编写程序，输入一个学生的学号，输出该学生属于哪个组。

6. 假设今天是星期四，编写程序，计算100天后是星期几。

自 测 题

1. 根据如图 2.12 所示的流程图编写程序。

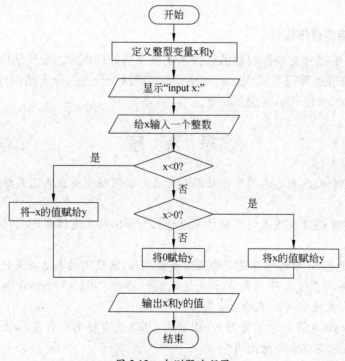

图 2.12　自测题流程图

2．根据注释补充下面的代码。

```
#include <stdio.h>
int main(void)
{    _____                        // 定义整型变量 s 和 t

     _____                        // 显示 "data:"
     _____                        // 给 s 输入一个整数

     _____                        // 将 s 中值除以 5 后的余数赋给 t
     switch(t)
     {    case 0: printf("A\n"); break;
          case 1: printf("B\n"); break;
          case 2: printf("C\n"); break;
          _____: printf("D\n"); break;     // t 中值为 3 或 4 时输出 D
     }
     return 0;
}
```

3．下面程序的功能是：从键盘输入年份，判断该年份是否是闰年。闰年的条件是：能被 4 整除、但不能被 100 整除，或者能被 400 整除。请根据程序的运行结果填空。

```
#include <stdio.h>
int main(void)
{    【1】 ;

     printf("input year:");
     scanf("%d",&year);
     _____【2】_____ ;
     if(_____【3】_____)
          _____【4】_____ ;
     else
          printf(" 平年 \n");
     return 0;
}
```

第一次运行结果：

```
input year:2020
2020年是闰年
```

第二次运行结果：

```
input year:2021
2021年是平年
```

4．编写程序，从键盘输入 x 的值，计算下列分段函数的值（假设 x 为整型，y 为实型）。

$$y = \begin{cases} \dfrac{1}{x} & (x < -1) \\ -1 & (x = -1) \\ \sqrt{x+1} & (-1 < x < 6) \\ 3x^2 & (x \geqslant 6) \end{cases}$$

自测题参考答案

1.

```c
#include <stdio.h>
int main(void)
{   int x=0,y=0;

    printf("Input x:");
    scanf("%d",&x);
    if(x<0)  y=-x;
    else if(x>0) y=x;
    else y=0;
    printf("x=%d,y=%d\n",x,y);
    return 0;
}
```

2.

```c
int s=0,t=0;
printf("data:");
scanf("%d",&s);
t=s%5;
default
```

3.

【1】 int year=0

【2】 printf("%d 年是 ",year)

【3】 year%4==0 && year%100!=0 || year%400==0

【4】 printf(" 闰年 \n")

4.

```c
#include <stdio.h>
#include<math.h>
int main(void)
```

```
{    int x=0;
     double y=0;

     printf("Input x:");
     scanf("%d",&x);
     if(x<-1)          y=1.0/x;
     if(x==-1)         y=-1;
     if(x>-1 && x<6)   y=sqrt(x+1);
     if(x>=6) y=3*x*x;
     printf("x=%d,y=%lf\n",x,y);
     return 0;
}
```

第3章 循 环 结 构

学习目标

1. 掌握 for 语句、while 语句和 do...while 语句。
2. 掌握循环结构和循环结构的流程图。
3. 掌握自加、自减运算符的简单用法。
4. 掌握 break 语句和 continue 语句。
5. 会用设置断点的方法调试程序。
6. 掌握求平均值、最大值等方法。
7. 掌握判断质数、百元百鸡问题的求解方法以及求某数的平方根等方法。

在用程序处理实际问题时经常需要重复执行同样的一段程序,这时候要用到循环结构。循环结构也是结构化程序设计中的三种基本结构之一。最常用的循环语句有 for 语句、while 语句和 do...while 语句。

3.1 使用 for 语句实现循环控制

在实际问题中有时能够事先确定要重复执行的操作次数,如 20 名战士站好队报数,那么报数的操作要重复 20 次。用 C 语言编写这类程序时,一般使用 for 语句。

3.1.1 使用 for 语句重复显示信息

【实例 3.1】 编写程序,在屏幕上显示如下信息,每按一次任意键时就重复显示,共显示三次,要求每次显示后,其下面还要给出显示的次数。

```
*****************
*****Welcome*****
*****************
```

1. 编程思路

显示信息可用三条输出语句实现,即 "printf("*****************\n"); printf("*****Welcome*****\n"); printf("*****************\n");"。要重复显示三次,只要循环执行三次这些语句即可。按任意键的操作可以使用标准库函数 getch( ) 完成。

2. 程序代码

#include <stdio.h>

```
int main(void)
{    int i=0;

     for(i=1; i<=3; i=i+1)                    // 重复三次
     {    printf("****************\n");
          printf("*****Welcome*****\n");
          printf("****************\n");
          printf(" 显示 %d 次。\n\n",i);        // 显示后空一行
          getch();                            // 等待按任意键
     }
     return 0;
}
```

3．运行结果

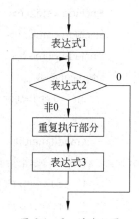

4．归纳分析

（1）for 语句的一般形式如下：

for(表达式 1; 表达式 2; 表达式 3)
{
    重复执行部分
}

for 是关键字。for 语句的执行过程如下。

① 处理表达式 1。

② 判断表达式 2 的值是否为 0。如果表达式 2 的值不等于 0，执行重复执行部分语句，否则退出循环。

③ 处理表达式 3 后转到②。

for 语句的执行过程可借助如图 3.1 所示的流程图理解。

图 3.1 for 的流程图

for 语句中 3 个表达式可以是任何一个 C 语言表达式，它们之间必须要用分号分隔。

当重复执行部分只由 1 条语句构成时可以省略"{ }"。

（2）本程序中 for 语句的执行过程如下。

首先 i 得到 1，由于 1≤3 为"真"，执行"{ }"中的 5 条语句。在第 4 条语句中 %d 的位置将显示 1，第 5 条语句只起到输入一个字符的作用。

执行 i=i+1，这时 i 的值由 1 变为 2。由于 2≤3 为"真"，还要执行"{ }"中的 5 条语句。在第 4 条语句中 %d 的位置将显示 2。

再执行 i=i+1，这时 i 的值由 2 变为 3。由于 3≤3 为"真"，执行"{ }"中的 5 条语句。在第 4 条语句中 %d 的位置将显示 3。

再执行 i=i+1 时，i 的值由 3 变为 4，已不再满足 i≤3，因此不再执行"{ }"中的 5 条语句，而退出 for 语句。

（3）在编写程序时经常需要进行 i=i+1 或 i=i-1 等操作对变量增 1 或减 1。为此 C 语言提供专门的运算符"++"和"--"简化书写，而且提高执行效率。例如：

- ++i 或 i++ 均使 i 增 1，即对 i 而言它们相当于 i=i+1。
- --i 或 i-- 均使 i 减 1，即对 i 而言它们相当于 i=i-1。

有时 ++i 或 i++、--i 或 i-- 作为表达式出现在程序中。对表达式而言，自加运算符（++）或自减运算符（--）出现在变量的前面和后面时，该表达式的值是不一样的。作为初学者，对此先不必深究，以后需要用时参看相关参考书籍。

3.1.2 使用 for 语句重复出加法题

【实例 3.2】 编写程序，给小学生出 4 道 100 以内两个数的加法题，每道题 25 分，根据学生的答案，显示实际得分。

1. 编程思路

出算术题的思路可参考实例 1.8。由于本实例要出 4 道题，所以重复 4 次出题操作。对于每道题，要及时判断答案的正确性，当答案正确时还要累加分数，因此这些操作也要重复执行。最后显示总得分，此语句不必重复。

2. 程序代码

```c
#include <stdio.h>
#include <stdlib.h>
#include <time.h>
int main(void)
{    int i=0,op1=0,op2=0,pupil=0,answer=0,total=0;

     srand(time(0));
     for(i=1; i<=4; i++)                          // 重复 4 次，出 4 道题
     {    op1=rand()%100;
          op2=rand()%100;
          printf("%d+%d=",op1,op2);               // 显示每道题
          scanf("%d",&pupil);                      // 得到学生答案
```

```
        answer=op1+op2;                          // 计算正确答案
        if(answer==pupil)                        // 如果答案正确
                total=total+25;                  // 总分加25分
    }
    printf("The score is:%d\n",total);           // 显示总分
    return 0;
}
```

3．运行结果

```
73+14=87
3+52=55
94+16=100
87+67=154
The score is:75
```

4．归纳分析

（1）本程序中用到了顺序结构、分支结构和循环结构，如图3.2所示。

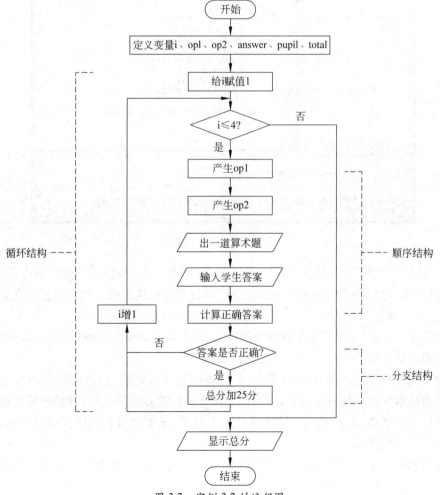

图 3.2　实例 3.2 的流程图

在编写程序时,穿插着使用这三种基本结构。本程序中主函数包括三条语句（在语法上将 for 语句当作一条语句）,它们构成顺序结构,而 for 语句（循环结构）又包括六条语句,其中含一条 if 语句（分支结构,在语法上将 if 语句也当作一条语句）。

（2）用单步执行的方法可观察循环体内语句的执行情况。为了直接从 for 语句开始详细观察,在 for 语句的开始行设置断点,并从此点开始检测余下所有的语句。其方法如下。

① 先对程序进行编译和连接,然后将光标放置在 for 语句的开始行上,再单击工具栏上的按钮,这时该行左边立即出现红点（再单击一次又消失）,如图 3.3 所示,说明断点已设置完毕。

图 3.3　断点设置

② 选择"组建"|"开始调试"|GO 命令,程序从头开始运行,遇到断点后暂停。从此可按 F10 键单步执行并通过下方出现的窗口观察在执行每行代码过程中变量的变化情况。

在调试过程中,如果不需要继续运行程序,则选择"调试"| Stop Debugging 命令中止程序的调试过程。

调试是程序执行结果不符合预期时,分析问题了解运行过程的常用方法,它可以帮助你捕捉到程序执行异常的具体位置,了解当时的变量中间状态,以便分析问题的原因。在日常生活中,如果出现了结果不尽如人意时,也需要自我调试,寻找导致问题的原因,以便尽快解决。

【讨论题 3.1】　如果将实例 3.2 的功能要求改为：对于每道题的答案立刻给出对错的信息,最后再显示总分,应如何修改程序?

3.2　使用 while 语句实现循环控制

在日常生活中遇到的有些循环问题,事前不知道循环次数。例如,在刚生产的 1 批药丸(每粒 10 克)中混入一个外观完全相同的不合格药丸(每粒 15 克),为了查找该药丸,逐个称重量,直到查找到 15 克的药丸为止,但事前不知道应查多少次,这时使用while 语句实现更方便。

3.2.1　使用 while 语句为学生分班

【**实例 3.3**】　编写程序,根据所输入的学生英语成绩,把学生分成 A、B 两个班,其中大于等于 85 分的学生分到 A 班,其余的学生分到 B 班,如果输入的成绩为负数,认为没有其他学生,最后分别显示 A、B 班的总人数。

1.编程思路

先用 scanf( ) 函数输入一个学生的英语成绩,如果该成绩大于等于 85 分,则把该学生分到 A 班,同时使 A 班人数增 1;否则把该学生分到 B 班,同时使 B 班人数增 1。

再用 scanf( ) 函数输入一个学生的英语成绩,重复以上分班操作。

继续进行输入成绩和分班的操作,直到输入的成绩为负数为止。

本实例的流程图如图 3.4 所示。

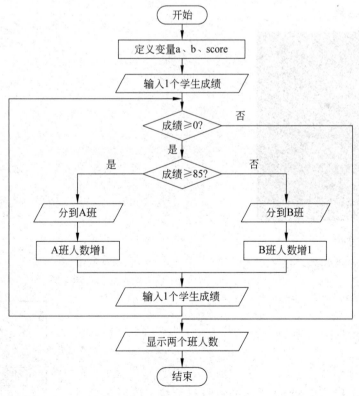

图 3.4　实例 3.3 的流程图

2.程序代码

#include <stdio.h>

```
int main(void)
{   int a=0,b=0,score=0;

    scanf("%d",&score);
    while(score>=0)
    {   if(score>=85)
        {   printf("To class A\n");
            a++;
        }
        else
        {   printf("To class B\n");
            b++;
        }
        scanf("%d",&score);
    }
    printf("Class A:%d,Class B:%d\n",a,b);
    return 0;
}
```

3．运行结果

```
67
To class B
89
To class A
88
To class A
76
To class B
56
To class B
-2
Class A:2,Class B:3
```

4．归纳分析

（1）while 语句的一般形式如下：

while(表达式)
{
    重复执行部分
}

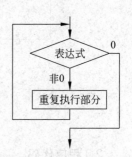

图 3.5 while 语句执行的流程图

while 是关键字。while 语句的执行过程是：判断表达式的值是否为 0，如果表达式的值不等于 0，则执行重复执行部分的语句，否则退出循环。while 语句的执行过程可借助如图 3.5 所示的流程图理解。

while 语句中表达式可以是任何一个 C 语言表达式。当重复执行部分只由 1 条语句构成时可以省略"{ }"。

（2）在解决实际问题时，一般先仔细分析题目，画出较详细的流程图，然后编写代码。

（3）运行本程序时最后一定要输入负数，否则永远不能退出循环（叫作死循环）。

3.2.2 使用 while 语句计算近似值

【实例 3.4】 编写程序，计算数学式 $1+\dfrac{1}{3}+\dfrac{1}{5}+\dfrac{1}{7}+\dfrac{1}{9}+\cdots$ 的近似值，直到最后一项的值小于 10^{-4} 为止。

1. 编程思路

设一个存放近似值的变量 sum，初值为 0。用程序设计的方法求近似值时，采用累加的算法，具体过程如下。

（1）通过"sum=sum+1.0/1;"语句使 sum 得到第 1 项。

（2）通过"sum=sum+1.0/3;"语句使 sum 得到第 1 项和第 2 项的和。

（3）通过"sum=sum+1.0/5;"语句使 sum 得到第 1 项至第 3 项的和。

（4）通过"sum=sum+1.0/7;"语句使 sum 得到第 1 项至第 4 项的和。

……

即重复执行"sum=sum+1.0/n;"语句，可以得到近似值，其中变量 n 从 1 开始每次增加 2。

通过表达式"1.0/n>=1e－4"判断是否结束循环。本实例的流程图如图 3.6 所示。

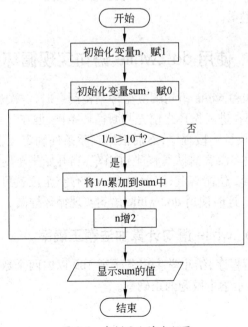

图 3.6 实例 3.4 的流程图

2．程序代码

```
#include <stdio.h>
int main(void)
{   int n=1;
    float sum=0.0;

    while((float)1/n>=1e-4)
    {    sum=sum+(float)1/n;              // 将每一项累加到 sum 中
         n=n+2;                          // 求新的分母
    }
    printf("sum=%f\n",sum);
    return 0;
}
```

3．运行结果

```
sum=5.240359
```

4．归纳分析

（1）不能把每一项直接写成 1/n，因为两个整数的商也是整数，得不到所要的结果。在分子和分母中只将一个数强制类型转换成 float 或直接写成 1.0/n 即可。

（2）1e-4 表示实型数 10^{-4}。C 语言中表示实型常量的形式有两种，即小数形式和指数形式。指数形式与数学中的指数形式类似，如 456.78 在数学中可以表示为 4.5678×10^2，在 C 语言中可以表示为 4.5678e2 或 4.5678E2。在 e 或 E 前面必须有数字，而后面的指数必须是整数。

3.3 使用 do...while 语句实现循环控制

有时使用 for 语句和 while 语句解决循环结构问题时，一次也不能执行重复执行部分，因为这两个语句都在进入循环之前先判断循环条件，但在日常生活中我们也常需要先在无条件的情况下执行一段程序，然后根据判断条件确定是否重复执行这一部分代码。例如，在游乐场很多游客排队等候坐过山车，当开始坐车时，排在最前面的游客是肯定能上车的，但从第 2 位游客起，只要过山车还有空座位就可以进一位游客，直到过山车没有空座位为止。这时使用 do...while 语句实现循环控制。

3.3.1 使用 do...while 语句计算加法题正确率

【实例 3.5】 编写程序，给小学生出若干道 100 以内两个数的加法题，直到学生做对 5 道题为止，最后显示学生做题的正确率。

1．编程思路

根据做对题目数 5 和总题目数计算做题的正确率，因此做题时要统计总题目数。

由于根据做对题目数决定何时不再出题,所以每做对一道题还要累加做对题目数。

本实例的流程图如图 3.7 所示。

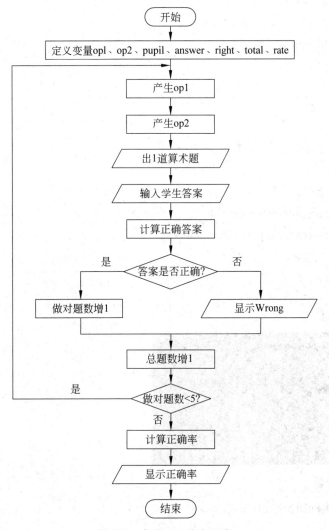

图 3.7 实例 3.5 的流程图

2. 程序代码

```
#include <stdio.h>
#include <time.h>
#include <stdlib.h>
int main(void)
{   int op1=0,op2=0,pupil=0,answer=0,right=0,total=0;
    float rate=0.0;

    srand(time(0));
```

```
do
{      op1=rand()%100;
       op2=rand()%100;
       printf("%d+%d=",op1,op2);
       scanf("%d",&pupil);
       answer=op1+op2;
       if(answer==pupil)
           right++;
       else
           printf("Wrong\n");
       total++;
}while(right<5);
rate=(float)right/total*100;
printf("The correct rate is:%f\n",rate);
return 0;
}
```

3. 运行结果

```
47+13=60
14+30=44
15+33=48
23+8=31
98+38=126
Wrong
66+95=161
The correct rate is:83.333333
```

4. 归纳分析

do...while 语句的一般形式如下：

```
do
{
    重复执行部分
}while( 表达式 );
```

do 是关键字。do...while 语句的执行过程是：先执行重复执行部分语句，然后判断表达式的值是否为 0，如果表达式的值不等于 0，执行重复执行部分语句，否则退出循环。do...while 语句的执行过程可借助如图 3.8 所示的流程图理解。

do...while 语句中表达式可以是任何一个 C 语言表达式。

【讨论题 3.2】 while 语句和 do...while 语句的区别

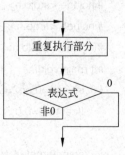

图 3.8　do...while 语句执行的流程图

是什么？

3.3.2 使用 do...while 语句编写打字练习程序

【实例 3.6】 编写程序,根据已显示的一段句子练习打字,按 Enter 键可随时停止练习。

1. 编程思路

练习打字需要逐字输入,同时给用户显示所输入的字符,以便检查对错。输入字符使用 getch( ) 函数较好,因为该函数输入字符时,不显示所输入的字符,而且不等到用户输入回车符就立刻接收。

本实例的流程图如图 3.9 所示。

2. 程序代码

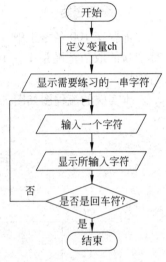

图 3.9 实例 3.6 的流程图

```c
#include <stdio.h>
#include <conio.h>
int main(void)
{   char ch='\0';
    printf("Those who dive beneath the surface find solutions
    others cannot see.\n");
    do
    {   ch=getch();     // 屏幕上看不到用户输入的字符
        putchar(ch);    // 输出 ch 中的字符（用户输入的字符）
    }while(ch!='\r');
    printf("\n");
    return 0;
}
```

3. 运行结果

```
Those who dive beneath the surface find solutions others cannot see.
Those who dive bene
```

4. 归纳分析

(1) 实际打字练习时,还应计算打字的准确率,而且不应该只练习同样一段文字。学完第 4 章（数组）后可以完善此程序。

(2) 字符 '\0'、'\r' 和 '\n' 都是转义字符。

【讨论题 3.3】 如同输入密码一样,在用户输入的字符位置均显示"*",应如何修改本程序?

3.4 使用 break 语句强行退出循环

前面介绍的三种循环都是在判断表达式的值为非 0 时重复执行一段程序，但在处理实际问题时，有时根据特定条件需要提前退出循环。例如，在累加 1 ～ 50 的过程中，只要累加的和超过 50，就不再进行累加。在解决这类问题时需要使用 break 语句。

【实例 3.7】 编写程序，在已报名的 100 名考生中，补招总分高于 420 分的学生，但按照报名的先后顺序只补招三名学生。

1. 编程思路

需要在 100 名考生中一一判断总分是否超过 420 分，因此使用 for 语句较方便。循环变量的取值范围是 1 ～ 100。但如果补报人数已到三名，应提前结束循环，以提高执行效率。

本实例的流程图如图 3.10 所示。

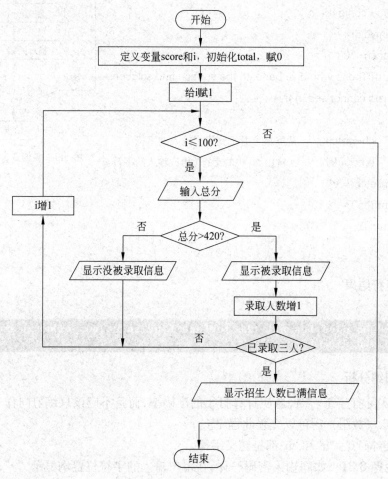

图 3.10 实例 3.7 的流程图

2. 程序代码

#include <stdio.h>

```
int main(void)
{    int score=0,i=0,total=0;

     for(i=1; i<=100; i++)
     {    scanf("%d",&score);
          if(score>420)
          {    printf(" 被录取。\n");
               total++;
               if(total==3)
               {    printf(" 招生人数已满。\n");
                    break;
               }
          }
          else
               printf(" 没被录取。\n");
     }
     return 0;
}
```

3．运行结果

4．归纳分析

（1）标准的循环语句都只有一个出口，即只有一个结束循环的条件，这个条件就是判断表达式的值是否为 0。为了补招人数达到三名时，不必循环完 100 次，而提前退出循环，本程序使用了 break 语句。该语句只能在 switch 语句和循环中使用，其作用是退出包含该语句的 switch 语句或循环。

（2）程序中的循环部分也可以改写成如下程序。

```
for(i=1; i<=100; i++)
{    scanf("%d",&score);
     if(score>420)
```

```
    {   printf(" 被录取。\n");
        total++;
    }
    else
        printf(" 没被录取。\n");
    if(total==3)
    {   printf(" 招生人数已满。\n");
        break;
    }
}
```

3.5　学会使用循环设计典型算法

设计算法就是为了解决某个问题而建立的计算机求解的步骤。算法应包括有限的操作步骤，而每一步操作均要有明确的含义。设计算法时应考虑数据的输入和输出问题，所有的问题应至少有一个输出，因为问题的解只能通过输出得到。虽然有些问题可以没有输入，但没有输入的解决方法在使用上缺乏灵活性。一般情况下为同一个问题所设计的算法是不唯一的，较好的算法可以提高程序的执行效率。

使用循环可以处理的算法很多，其中较典型的算法有递推、迭代、枚举等。

3.5.1　学会找出 Fibonacci 数列的各项来掌握递推算法

【实例 3.8】　编写程序，输出 Fibonacci 数列的前 30 项（每行输出 5 项）。

1．编程思路

Fibonacci 数列的特点是除第 1、2 项外每一项是它前 2 项的和。假设首项为 0，则数列为 0、1、1、2、3、5、8、13、…。若用 f_1、f_2、…、f_n 表示各项，则各项的递推关系为 $f_n=f_{n-1}+f_{n-2}$（$n \geq 3$）。用此关系具体求解的过程如下。

（1）输出第 1 项 f_1 和第 2 项 f_2。

（2）通过语句"f3=f1+f2;"得到前 2 项的和并输出。

（3）通过语句"f1=f2;"和"f2=f3;"得到新的前 2 项。

（4）重复步骤（2）和步骤（3），直到输出前 30 项为止。

本实例的流程图如图 3.11 所示。

2．程序代码

```
#include <stdio.h>
int main(void)
{   int i=0;
    int f1=0,f2=1,f3=0;
    printf("%10d%10d",f1,f2);
    for(i=3; i<=30; i++)
```

```
    {   f3=f1+f2;
        printf("%10d",f3);
        f1=f2;
        f2=f3;
        if(i%5==0)
        printf("\n");
    }
    return 0;
}
```

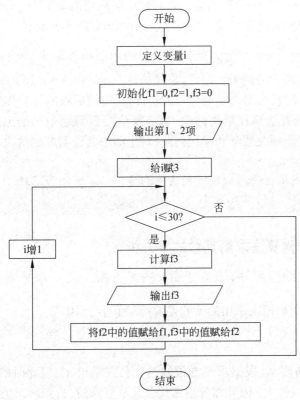

图 3.11　实例 3.8 的流程图

3. 运行结果

```
        0         1         1         2         3
        5         8        13        21        34
       55        89       144       233       377
      610       987      1597      2584      4181
     6765     10946     17711     28657     46368
    75025    121393    196418    317811    514229
```

4. 归纳分析

（1）递推算法是一种简洁高效的常见数学模型，其求解思路是根据前项和后项的关系，使用循环手段求后项。

（2）使用递推算法能够解决的问题很多。

① 计算 1+2+3+…+100 的值。该问题中前后项的关系为：$i_n = i_{n-1} + 1$，即后一项是对前一项增 1 的结果。因此，解决该问题需要重复执行的语句部分是"sum=sum+i；i=i+1；"。

② 计算 $n!$，即 $1 \times 2 \times 3 \times \cdots \times n$ 的值。前后项的关系为：后一项是对前一项增 1 的结果。因此，需要重复执行的语句部分是"f=f×i；i=i+1；"。

③ 计算 1!+2!+3!+…+n! 的值。此问题需要计算 $k!$（$k=1,2,3,\cdots,n$）的同时，还要计算它们的和。对于 $1 \times 2 \times 3 \times \cdots \times k$，前后项的关系为：$i_k = i_{k-1} + 1$；对于 1!+2!+3!+…+k!，前后项的关系为：$f_k = f_{k-1} \times k$。因此，解决该问题需要重复执行的语句部分是"f=f×i；s=s+f；i=i+1；"。

④ 计算 $3^0+3^1+3^2+3^3+\cdots+3^n$ 的值。该问题中前后项的关系为：$f_n = f_{n-1} \times 3$。因此，解决该问题需要重复执行的部分是"f=f×3；sum=sum+f；i=i+1；"。

⑤ 计算 $1-\dfrac{1}{2}+\dfrac{1}{3}-\cdots-\dfrac{1}{100}$ 的值。分母的前后项关系为：$i_n = i_{n-1} + 1$，即后一项分母是对前一项分母增 1 的结果。因此，重复执行"sum=sum+s×1.0/i；s=-s；i=i+1"得到。其中，s 的初值是 1，其作用是实现符号翻转，即使得前后项的符号相反。

要想根据递推算法编程解决问题，就需要从特定问题中归纳出通用的递推公式。掌握归纳方法不仅能解决数学和编程问题，对生活中其他问题的解决也有借鉴意义。

> 💡**注意**：正确给出进入循环前的变量初值，如，求解①或③时，sum 的初值为 0，而求解②、③、④时，f 的初值为 1。

3.5.2　用迭代算法求解某数的平方根

【**实例 3.9**】　编写程序，求某正数 a 的平方根。已知求平方根的迭代公式为 $x_{n+1} = \dfrac{x_n + \dfrac{a}{x_n}}{2}$，要求前后两次求出的 x 的差的绝对值小于 10^{-6}。

1．编程思路

先假定一个初值 x_1，根据求平方根的迭代公式求出 x_2，但此时的 x_2 的值与 a 的平方根相比，一般误差较大。因此需要用迭代公式反复求解，直到所求值与其平方根相比，误差无限小为止。具体求解过程如下。

（1）假定 a 的近似平方根，并赋给变量 x_1，如 $x_1=a/2$。

（2）通过语句"x2=(x1+a/x1)/2；"计算 x_2 的值。

（3）比较 x_1 与 x_2 的值，若 $|x_1 - x_2| < 10^{-6}$，转到步骤（6）。

（4）将 x_2 的值作为新的 x_1，即执行语句"x1=x2；"。

（5）通过语句"x2=(x1+a/x1)/2；"计算 x_2 的值后，转到步骤（3）。

（6）输出 x_2。

本实例的流程图如图 3.12 所示。

2．程序代码

```
#include <stdio.h>
#include <math.h>
```

```
int main(void)
{    double a=0,x1=0,x2=0;

    printf("Input a:");
    scanf("%lf",&a);

    x1=a/2;                          // 指定的初始近似平方根
    x2=(x1+a/x1)/2;                  // 按特定的迭代公式计算新的近似平方根
    while(fabs(x1-x2)>=1e-6)
    {    x1=x2;
        x2=(x1+a/x1)/2;
    }
    printf("sqrt(%.2lf)=%.6lf\n",a,x2);
    return 0;
}
```

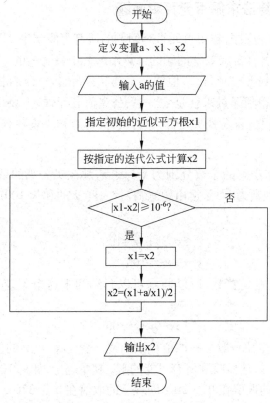

图 3.12 实例 3.9 的流程图

3. 运行结果

```
Input a:3
sqrt(3.00)=1.732051
```

4．归纳分析

（1）运行程序时经常采用临时加输出语句的方法验证计算结果，如本程序在输出 x2 的值后，加临时语句 "printf("sqrt(%.21f)=%.61f\n",a,sqrt(a));"，这样可以与用系统内部函数计算的平方根相比较。

（2）迭代算法是用计算机解决问题的一种基本方法。其求解思路是根据迭代公式，从一个根推出另一个新根，直到满足误差要求为止。

（3）使用迭代法还能解决求方程的近似解或某正数的立方根等问题。

① 求方程 $f(x)=4x^3-2x^2+3x^{-5}=0$ 的近似解的迭代公式为：$x_{n+1}=x_n-\dfrac{f(x_n)}{f'(x_n)}$。

② 求正数 a 的立方根的迭代公式为：$x_{n+1}=\dfrac{2x_n+\dfrac{a}{x_n^2}}{3}$。

> 💡**注意**：迭代过程要有结束的条件，这是编写迭代程序必须要考虑的问题，不能让迭代过程无休止地重复执行下去。

3.5.3　用枚举算法求解百元百鸡问题

【实例 3.10】　编写程序，输出百元百鸡问题的所有可能结果。

中国古代数学家著有古典数学问题的《算经》，其中最著名的"百钱百鸡"问题叙述如下："鸡翁一，值钱五；鸡母一，值钱三；鸡雏三，值钱一；百钱买百鸡，问翁、母、雏各几何？"这个问题翻译过来就是："一只公鸡值五元钱，一只母鸡值三元钱，三只小鸡值一元钱；请问用一百元钱买一百只鸡，公鸡、母鸡和小鸡各有多少只？"

1．编程思路

假设公鸡、母鸡和小鸡的个数分别为 x、y、z，那么买公鸡的钱数为 5x，买母鸡的钱数为 3y，买小鸡的钱数为 z/3；再由题意知，x、y、z 的和为 100，因此我们可以得到该问题的数学模型：

$$\begin{cases}5x+3y+\dfrac{z}{3}=100\\ x+y+z=100\end{cases}$$

因为鸡的个数只能是整数，所以问题可以归结为求这个不定方程的整数解。第 1 个方程可转化为：

$$15x+9y+z=300$$

不定方程的求解途径一般是在取值范围内逐一变化 x、y、z 的值，我们可以让计算机穷举所有可能的情况，从而找到所有可能的解。在本题中，如果 100 元钱全部买公鸡，最多买 20 只，因此 x 的取值在 0～20；同理 y 的取值在 0～33。

具体求解过程如下。

（1）公鸡的数 x 取 0。

① 母鸡的数 y 取 0。

② 通过关系式 z=100-x-y，计算小鸡的数 z。

③ 判断 $15x+9y+z$ 的值是否等于 300，若相等，输出此时公鸡、母鸡和小鸡的个数。

④ y 增 1，若 $y\leqslant33$，转到②，否则转到（2）。

（2）x 增 1，若 $x\leqslant20$，转到①，否则转到（3）。

（3）结束求解过程。

由此可见，求解的过程就是当 x 从 0 逐个变化到 20 时，重复处理①、②、③、④，这一过程可表示为如下形式。

```
for(x=0; x<=20; x++)
```

处理①、②、③、④。而处理①、②、③、④的代码是：

```
for(y=0; y<=33; y++)
{   z=100−x−y;
    if(15*x+9*y+z==300)
        printf("cock=%−3d hen=%−3d chicken=%−3d\n",x,y,z);
}
```

因此，求解的代码应是：

```
for(x=0; x<=20; x++)
    for(y=0; y<=33; y++)
    {   z=100−x−y;
        if(15*x+9*y+z==300)
            printf("cock=%−3d hen=%−3d chicken=%−3d\n",x,y,z);
    }
```

2．程序代码

```
#include <stdio.h>
int main(void)
{   int x=0,y=0,z=0;

    printf("Possible solutions to buy 100 fowls with 100 yuan is:\n");
    for(x=0; x<=20; x++)              // 公鸡的数目作为外层循环的循环变量
        for(y=0; y<=33; y++)          // 母鸡的数目作为内层循环的循环变量
        {   z=100−x−y;                // 计算小鸡的数目
            if(15*x+9*y+z==300)       // 如果满足条件，输出合理的解
                printf("cock=%−3d hen=%−3d chicken=%−3d\n",x,y,z);
        }
    return 0;
}
```

C 语言程序设计（第 4 版）

3．运行结果

```
Possible solutions to buy 100 fowls with 100 yuan is:
cock=0    hen=25   chicken=75
cock=4    hen=18   chicken=78
cock=8    hen=11   chicken=81
cock=12   hen=4    chicken=84
```

4．归纳分析

（1）本程序在一个循环内又包含了另一个完整的循环结构，这种循环结构称为双重循环或循环的嵌套。C 语言中的 3 种循环结构（for、while、do...while）可以互相嵌套。一般处理表格形式的数据时，经常使用双重循环，如图 3.13 所示的九九乘法表。

```
1*1=1
1*2=2  2*2=4
1*3=3  2*3=6  3*3=9
1*4=4  2*4=8  3*4=12  4*4=16
1*5=5  2*5=10  3*5=15  4*5=20  5*5=25
1*6=6  2*6=12  3*6=18  4*6=24  5*6=30  6*6=36
1*7=7  2*7=14  3*7=21  4*7=28  5*7=35  6*7=42  7*7=49
1*8=8  2*8=16  3*8=24  4*8=32  5*8=40  6*8=48  7*8=56  8*8=64
1*9=9  2*9=18  3*9=27  4*9=36  5*9=45  6*9=54  7*9=63  8*9=72  9*9=81
```

图 3.13　九九乘法表

程序代码如下。

```c
#include <stdio.h>
int main(void)
{    int i=0,j=0,k=0;

     for(i=1; i<=9; i++)
     {    for(j=1; j<=i; j++)
          {    k=i*j;
               printf("%3d*%d=%-2d",j,i,k);
          }
          printf("\n");
     }
     return 0;
}
```

而如果输出如图 3.14 所示的由"*"组成的阶梯状的图形，就用如下程序代码。

```c
#include <stdio.h>
int main(void)
{    int i=0,j=0;
```

```
*********
 *********
  *********
   *********
```

图 3.14　由"*"组成的阶梯状图形

```
for(i=1; i<=4; i++)
{   for(j=1; j<=3*i; j++)
        printf(" ");                    // 输出 3×i 个空格
    for(j=1; j<=9; j++)
        printf("*");                    // 输出 9 个 * 号
    printf("\n");
}
return 0;
}
```

> 💡**注意**：嵌套循环的内外层必须层次分明，内循环必须完整地嵌套在外循环的里面，不能交叉，而且内外层循环变量不要用同一个。

(2) 枚举法是根据题目的要求，将符合条件的结果不重复、不遗漏地一一列举出来，从而解决问题的一种方法。其操作一般利用循环实现。

(3) 使用枚举算法能够解决的问题很多。

① 假设 x、y、z 为偶数，且满足 $x+2y+z=16$，输出所有可能的 x、y、z 的值。

② 将 100 元钱换成 10 元、5 元、1 元的零钱，如果要求换成 30 张零钱，编程输出所有可能的换法。此问题的求解方法与"百钱百鸡"的问题类似，仍需双重循环解决。

【讨论题 3.4】 分析下列几个题目，用前面介绍的哪种算法来解决比较恰当？

(1) 已知一数列的前三项分别为 0、1、1，之后的每一项都是其前三项之和，即 $a_n=a_{n-1}+a_{n-2}+a_{n-3}$，输出该数列的前 n 项。

(2) 求方程 $f(x)=x^3-5x^2-4x+20=0$ 的根。

(3) 求 $1+\dfrac{1}{6}+\dfrac{1}{11}+\dfrac{1}{16}+\cdots+\dfrac{1}{5n+1}$ 的值（$n\geqslant0$，由键盘输入）。

3.5.4 学会判断质数的算法

【实例 3.11】 编写程序，判断任意输入的一个自然数是否为质数。

1．编程思路

任意一个自然数，如果只能被 1 和它本身整除，则该自然数是质数（也叫作素数）。根据质数的定义，判断某数 n 是否为质数，最直接的方法是用 n 逐个去除 2、3、4、…、$n-1$，如果能被其中某个数除尽，则 n 不是质数；如果不能被其中的任何数除尽，则 n 是质数。

本实例的流程图如图 3.15 所示。

2．程序代码

```
#include <stdio.h>
int main(void)
{   int i=0,n=0;
```

```
        printf("Input n:");
        scanf("%d",&n);

        for(i=2; i<=n-1; i++)
            if(n%i==0)    break;    // 只要 n 能够被 i 整除,就立即退出循环,退出时 i ≤ n-1
        if(i==n)   printf("%d is a prime number.\n",n);
        else printf("%d is not a prime number.\n",n);
        return 0;
    }
```

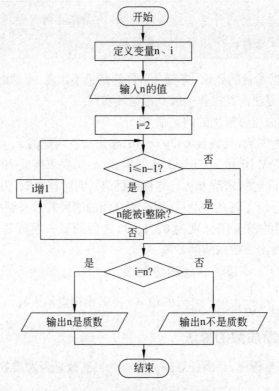

图 3.15　实例 3.11 的流程图

3. 运行结果

```
Input n:83
83 is a prime number.
```

4. 归纳分析

(1) 程序中循环

```
for(i=2; i<=n-1; i++)
    if(n%i==0)       break;
```

有两个出口,其中一个出口是循环语句的正常出口,即 i 不满足 $i \leqslant n-1$；另一个出口是通过 break 语句提前退出,这时 i 肯定满足 $i \leqslant n-1$,因此退出循环后经常采用判断 i 是否满足 $i \leqslant n-1$ 的方法断定循环从哪个出口退出。

(2) 本程序按照质数的概念从 $2 \sim n-1$ 逐一判断这些数是不是 n 的因子,这样编写程序,尽管容易理解,但循环次数较多。实际上只需用 n 去整除 $2 \sim \sqrt{n}$ 的数即可判断 n 是否为质数。

(3) 使用该方法不仅可以判断某个数是否为质数,也可以找出某个范围内的所有质数。如输出 $2 \sim 100$ 的所有质数。该问题需使用双重循环解决,外循环中循环变量 n 的范围是 $2 \sim 100$,代码如下:

```
#include <stdio.h>
#include <math.h>
int main(void)
{   int i=0,k=0,n=0;

    for(n=2; n<=100; n++)
    {   k=sqrt(n);
        for(i=2; i<=k; i++)
        if(n%i==0)        break;
        if(i>k) printf("%4d",n);
    }
    printf("\n");
    return 0;
}
```

注意:根据初等数论,如果 n 不能被 $2 \sim \sqrt{n}$ 的任一整数除尽,则 n 就是质数。

【实例 3.12】 已知 x、y 均为质数,编写程序输出 $x+y \leqslant 21$ 的所有可能解,并统计可能解的个数。

1. 编程思路

根据题意可知,既要保证 x、y 为质数,又要使 x、y 满足 $2 \leqslant x \leqslant 21$, $2 \leqslant y \leqslant 21-x$,因此可用枚举法解决该问题。具体求解过程如下。

(1) 使 x 取 2。

① 判定 x 是否为质数。

② 如果 x 为质数,则使 y 取 2。

③ 判定 y 是否为质数。

④ 如果 y 为质数,输出 x、y 的值,并累加可能解的个数。

⑤ y 增 1,若 $y \leqslant 21-x$,转到③,否则转到(2)。

(2) x 增 1,若 $x \leqslant 21$,转到①,否则转到(3)。

(3) 结束求解过程。

2．程序代码

```c
#include <stdio.h>
#include <math.h>
int main(void)
{   int i=0,k=0,x=0,y=0,s=0;

    for(x=2; x<=21; x++)
    {   k=sqrt(x);
        for(i=2; i<=k; i++)
            if(x%i==0)          break;
        if(i>k)                                     // i >k 成立,说明 x 为质数
            for(y=2; y<=21-x; y++)
            {   k=sqrt(y);
                for(i=2; i<=k; i++)
                    if(y%i==0)         break;
                if(i>k)                             // i>k 成立,说明 y 为质数
                {   printf("%3d+%-2d<=21",x,y);
                    s++;
                    if(s%7==0)         printf("\n");    // 按每行 7 组数据输出
                }
            }
    }
    printf("\n s=%d\n",s);                           // 可能解的个数
    return 0;
}
```

3．运行结果

```
2+2 <=21   2+3 <=21   2+5 <=21   2+7 <=21   2+11<=21   2+13<=21   2+17<=21
2+19<=21   3+2 <=21   3+3 <=21   3+5 <=21   3+7 <=21   3+11<=21   3+13<=21
3+17<=21   5+2 <=21   5+3 <=21   5+5 <=21   5+7 <=21   5+11<=21   5+13<=21
7+2 <=21   7+3 <=21   7+5 <=21   7+7 <=21   7+11<=21   7+13<=21   11+2 <=21
11+3 <=21  11+5 <=21  11+7 <=21  13+2 <=21  13+3 <=21  13+5 <=21  13+7 <=21
17+2 <=21  17+3 <=21  19+2 <=21
s=38
```

4．归纳分析

（1）该实例综合了枚举算法、质数的判定算法和循环的嵌套。

（2）for 语句中可以包含 if 语句，if 语句中也可以包含 for 语句。应根据具体情况，灵活运用。

（3）要输出的数据较多时可利用表格的形式使结果美观。

3.6 贯穿教学全过程的实例——公交一卡通管理程序（3）

本节完善 2.5 节中的贯穿实例,实现从菜单中重复选择菜单的功能。涉及的知识点是顺序结构、分支结构和循环结构。

1. 功能描述

（1）程序开始运行时显示如图 1.11 所示的欢迎界面,延时 2 秒后,显示如图 1.12 所示的菜单界面。

（2）在菜单中选择 1 至 7 之间的数字时,显示以后在此要实现的功能（见图 2.10）,单击任意键后重新显示如图 1.12 所示的菜单界面。

（3）在菜单中选择 0 时,显示"谢谢使用本系统！",关闭系统。

（4）当输入非法选项时,显示"输入错误,请重新选择！",按任意键重新显示如图 1.12 所示的菜单界面。

2. 编程思路

本实例要求重复显示主菜单中的选项,因此需要用循环结构。欢迎界面只显示一次即可,因此显示欢迎界面的代码不必放在循环体内。

3. 程序代码

```
#include <stdio.h>
#include <conio.h>
#include <stdlib.h>
#include <windows.h>
int main(void)
{   char choose='\0';

    system("cls");
    printf("\n\t\t||===================================||");
    printf("\n\t\t||-----------------------------------||");
    printf("\n\t\t||-------------   Welcome   ----------||");
    printf("\n\t\t||------------ use bus traffic -------||");
    printf("\n\t\t||--------------   card   ------------||");
    printf("\n\t\t||-----------------------------------||");
    printf("\n\t\t||===================================||");
    Sleep(2000);
    while(1)                        // 该循环只有一个出口：选择 0 才可以退出
    {   system("cls");
        printf("\n");
        printf("\n\t\t|-------------------------------------|");
        printf("\n\t\t|--------------Please input (0-7)-----------|");
        printf("\n\t\t|-------------------------------------|");
        printf("\n\t\t|              1. 创建文件              |");
```

```
        printf("\n\t\t|                        2. 显示信息                    |");
        printf("\n\t\t|                        3. 注销旧卡                    |");
        printf("\n\t\t|                        4. 添加新卡                    |");
        printf("\n\t\t|                        5. 坐车刷卡                    |");
        printf("\n\t\t|                        6. 卡内续钱                    |");
        printf("\n\t\t|                        7. 统计数据                    |");
        printf("\n\t\t|                        0. 退出系统                    |");
        printf("\n\t\t|--------------------------------------------|");
        printf("\n\t\t\t");
        scanf(" %c",&choose);
        switch(choose)
        {   case '1': printf("\t\t 以后在此实现 < 创建文件 > 功能。\n");      break;
            case '2': printf("\t\t 以后在此实现 < 显示信息 > 功能。\n");      break;
            case '3': printf("\t\t 以后在此实现 < 注销旧卡 > 功能。\n");      break;
            case '4': printf("\t\t 以后在此实现 < 添加新卡 > 功能。\n");      break;
            case '5': printf("\t\t 以后在此实现 < 坐车刷卡 > 功能。\n");      break;
            case '6': printf("\t\t 以后在此实现 < 卡内续钱 > 功能。\n");      break;
            case '7': printf("\t\t 以后在此实现 < 统计数据 > 功能。\n");      break;
            case '0': printf("\t\t 谢谢使用本系统！\n"); exit(0);           break;
            default: printf("\t\t 输入错误，请重新选择！\n");
        }
        getch();
    }
    return 0;
}
```

本实例在菜单中选择选项后，只是显示"以后在此完成相应功能"，但并没有真正
实现相应功能，在 4.4 节使用数组将实现相应功能。

3.7 本 章 总 结

1. for 语句

for 语句的一般形式如下：

```
for( 表达式 1; 表达式 2; 表达式 3)
{
    重复执行部分
}
```

for 语句中的 3 个表达式可以是任何一个 C 语言表达式，它们之间必须要用分号分
隔。当重复执行部分（也叫循环体）只由 1 条语句构成时，可以省略"{ }"。
通常表达式 1 给循环变量赋初值，仅执行一次，表达式 2 确定循环结束的条件，表

达式 3 用于实现循环变量的变化。这三个表达式均可以省略,若省略表达式 1,则要在 for 语句之前给循环变量赋初值;若省略表达式 2,则必须在循环体内有退出循环的语句(如 break 语句或 goto 语句),否则循环将进入死循环;若省略表达式 3,则要在循环体内实现循环变量的变化。需要注意的是,表达式可以省略,但分号不能省略。为了书写规范,通常不省略各表达式。

2．while 和 do...while 语句

while 语句的一般形式如下:

```
while( 表达式 )
{
    重复执行部分
}
```

while 语句的特点是先判断表达式,当表达式为"真"时,执行循环体。
do...while 语句的一般形式如下:

```
do
{
    重复执行部分
}while( 表达式 );
```

do...while 语句的执行过程是先执行循环体,再进行判断。
这两种语句通常用于处理事前不知道循环次数的情况。主要区别在于无论 while 后的表达式是否为真, do...while 中的循环语句至少要被执行一次。

3．break 语句

break 语句的格式很简单,由关键字 break 和分号组成。其一般形式如下:

```
break;
```

在循环语句中, break 语句的作用是强制退出循环结构,即提前结束 break 所在层的循环。在第 2 章介绍 switch 语句时,使用过 break 语句。需要注意的是, break 语句只能在 switch 语句或循环语句中使用。

4．continue 语句

在循环中还可以使用 continue 语句,该语句的格式也很简单,其一般形式如下:

```
continue;
```

continue 语句只能用于循环结构中,其作用是结束本次循环,即跳过(不执行)循环体中 continue 后面的语句,接着判断是否执行下一次循环。continue 语句并没有终止循环,例如,执行程序段:

```
for(i=1; i<=10; i++)
{   if(i%3==0)    break;
    printf("%3d",i);
```

```
}
```

其运行结果为 1 2,退出循环后 i 的值为 3。而执行程序段：

```
for(i=1; i<=10; i++)
{   if(i%3==0)      continue;
    printf("%3d",i);
}
```

其运行结果为"1 2 4 5 7 8 10",退出循环后 i 的值为 11。读者可以分析两者之间的不同。

5．goto 语句

C 语言提供 goto 语句,其一般形式如下：

goto 语句标号；

goto 语句的作用是将程序的执行流程转向语句标号所在的位置。语句标号用标识符表示。使用 goto 语句将使程序的流程毫无规律可循,不符合结构化程序设计的原则,导致程序的可读性差,因此结构化程序设计方法不提倡使用该语句,但退出多重循环的场合使用 goto 语句很方便。如在 100 以内的三个数 i、j、k 中,找出满足 $i^2+j^2+k^2 > 100$ 的一组数,可采用如下程序段。

```
for(i=1; i<100; i++)
    for(j=1; j<100; j++)
        for(k=1; k<100; k++)
            if(i*i+j*j+k*k>100) goto prn;
prn: printf("i=%d,j=%d,k=%d\n",i,j,k);
```

本问题若用 break 语句解决,则因为 break 语句只能退出本层循环,需要使用多个 break 语句。

6．循环结构程序设计

循环结构是 C 程序设计的基本结构之一,几乎所有的应用程序都包含循环结构。常用的循环结构有 for 循环、while 循环、do...while 循环语句。根据需要三种循环结构可任意嵌套,即在一个循环体内部包含另一个完整的循环结构。

for 循环一般用于循环次数已知的场合,而 while 和 do...while 循环主要用于只知道循环结束的条件,但不知道循环次数的情况。在编程时按照具体的问题,分析选择合适的循环结构,在学习和生活中,同样需要先分析问题,进而选用合适的方法去解决。

思 考 题

1．C 语言中 while 和 do...while 循环的主要区别是什么？

2．C 语言的循环结构中 continue 语句和 break 语句的区别是什么？

3．下面的 for 循环语句最多可以执行几次？为什么？

```
for(i=1,j=1; j!=21 && i<=5; i++)  printf("*");
```

4. 语句"while (i%5) i++;"中的表达式 i%5 等价于什么？当 i 的值为哪些时，循环结束？

5. 以下程序段的运行结果是什么？如将 break 语句改为 continue 语句，运行结果相同吗？请分析。

```
int i=1,s=0;
while(i<=10)
{   if(i%5==0)      break;
    s++;
    i++;
}
printf("i=%d,s=%d\n",i,s);
```

上 机 练 习

1. 为了比较 A、B 两家相邻小超市的顾客访问人数，某人站在小超市门口用两种颜色的豆子统计人数，若顾客进 A 家，加 1 粒红豆，进 B 家，加 1 粒绿豆，最后根据红豆和绿豆的个数比较。请编写程序解决此问题。

2. 编写程序，输出 100～999 个位是 5 且能被 7 整除的数，要求每行输出 5 个，且统计一共有多少个这样的数。

3. 编写程序，输入一个正整数，统计该整数的位数并计算其各个数位上的数字之和。

4. 编写程序，将输入的一个正整数以相反的顺序输出。例如，输入 1234，输出 4321。

5. 编写程序，求满足 $1^3+2^3+3^3+\cdots+n^3 \leqslant 10000$ 的最大的 n 值。

6. 根据近似公式 $e \approx 1+\dfrac{1}{1!}+\dfrac{1}{2!}+\dfrac{1}{3!}+\cdots+\dfrac{1}{n!}$ 计算 e 的近似值，要求直至最后一项的值小于 10^{-7} 为止。

7. 编写程序，计算 1!+2!+3!+⋯+n! 的值。分别验证 n=7 和 n=13 时结果是否正确，如果不正确，请查明原因并改正。n=7 和 n=13 时的结果应分别为 5913 和 6749977088。

8. 编写程序，计算 $s \approx 1-\dfrac{1}{2\times 2}-\dfrac{1}{3\times 3}-\cdots-\dfrac{1}{n\times n}$（$n$ 由键盘输入）。当 n=5 时，s=0.536389。

9. 编写程序，打印如图 3.16 所示的图案，要求行数由键盘输入。

图 3.16 由"*"组成的三角形

10. 编写程序，输出下列 $n×n$ （$2≤n≤9$，由键盘输入）的矩阵。

(1) 当 $n=3$ 时，输出的矩阵为：

$$
\begin{matrix}
1 & 2 & 3 \\
2 & 4 & 6 \\
3 & 6 & 9
\end{matrix}
$$

(2) 当 $n=5$ 时，输出的矩阵为：

$$
\begin{matrix}
1 & 2 & 3 & 4 & 5 \\
2 & 4 & 6 & 8 & 10 \\
3 & 6 & 9 & 12 & 15 \\
4 & 8 & 12 & 16 & 20 \\
5 & 10 & 15 & 20 & 25
\end{matrix}
$$

自 测 题

1. 根据如图 3.17 所示的流程图编写程序。

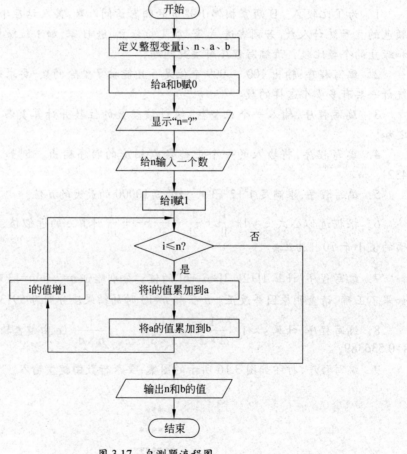

图 3.17　自测题流程图

2．根据注释补充下面代码。

```
#include <stdio.h>
int main(void)
{   _____               // 用 0 初始化整型变量 s 和 t
    int x;

    printf("Enter x:");
    scanf("%d",&x);
    _____               // 如果 x 的值为非零,循环执行下面"{}"中的语句,否则不执行
    {   _____           // 如果 x 的值为正数,给 s 累加 x 的值
        _____           // 否则,给 t 累加 x 的值
        scanf("%d",&x);
    }
    printf("s=%d,t=%d\n",s,t);
    return 0;
}
```

3．假设六位评委给一个候选人打分,采用一票否决制,即只要有一位评委给了零分,此候选人就被淘汰。下面程序的功能是：输入各评委的分数,输出总分数,对于被淘汰的候选人,只显示相应信息。请填空。

```
#include <stdio.h>
int main(void)
{   int i,a,sum=0;
    printf(" 输入分数 : ");
    _____【1】_____
    {   ____【2】____ ;
        if(a==0)  ____【3】____ ;
        sum=sum+a;
    }
    if(____【4】____)
        printf(" 被淘汰 !\n");
    else
        ____【5】____ ;
    return 0;
}
```

4．编写程序,从键盘输入若干网站的访问次数（用 −1 结束输入）,输出其中最多的访问次数。

自测题参考答案

1.

```c
#include <stdio.h>
int main(void)
{   int i,n,a,b;
    a=0;
    b=0;
    printf("n=?");
    scanf("%d",&n);
    for(i=1; i<=n; i++)
    {   a=a+i;
        b=b+a;
    }
    printf("n=%d,b=%d\n",n,b);
    return 0;
}
```

2.

```c
int s=0,t=0;
while(x!=0)
if(x>0)  s=s+x;
else  t=t+x;
```

3.

【1】 for(i=1; i<=6; i++)

【2】 scanf("%d",&a)

【3】 break

【4】 i<=6

【5】 printf(" 总分 : %d\n",sum)

4.

```c
#include <stdio.h>
int main(void)
{   int a,b=0;
    printf(" 输入若干网站的访问次数（用 −1 结束输入）:\n");
    scanf("%d",&a);
    while(a!=−1)
```

```
{    if(a>b)
        b=a;
    scanf("%d",&a);
}
printf(" 最多的访问次数是：%d 次 \n",b);
return 0;
}
```

第4章 数　　组

学习目标

1. 掌握定义一维数组和二维数组的方法。
2. 会合理选用一维数组和二维数组解决问题。
3. 掌握定义和使用字符数组的方法。
4. 了解输入的密码用"*"显示的方法。
5. 掌握求大批量数据的平均值、最大值和最小值的方法。
6. 掌握对数据进行查找、插入、删除和排序的方法。

4.1　认　识　数　组

在实际问题中,经常需要处理大量数据,如分别统计 12 个月的煤气收费额,记录 100 种商品的库存量,存放 1000 名学生的期末总分,存放 30 名学生高等数学、英语、C 语言程序设计、普通物理、数据库原理课程的成绩等。这时需要定义大量的变量,因此用单个变量的定义方法极不方便,有时甚至不可能,若采用数组,就可以很方便地定义大量的变量,使用各个变量也会很方便。

数组是特殊变量的集合,这些变量的名和数据类型都相同,但有不同的下标值。集合中的每个变量称为数组元素,它们通过其下标值区分。只有一个下标的数组称为一维数组,有两个下标的数组称为二维数组。

4.2　使用一维数组

4.2.1　定义与引用一维数组

和普通变量一样,数组也必须先定义后使用。

【实例 4.1】 编写程序,根据 10 种商品的进价和销售价,计算各商品的差价。

1. 编程思路

定义三个含有 10 个元素的数组 a、b、c,其中分别存放各商品的进价、销售价和差价。存放时 10 种商品的三种价格的顺序一一对应。

2. 程序代码

#include <stdio.h>

```
int main(void)
{    int a[10]={12,8,20,15,28,32,38,45,51,65};      // 定义 a 数组存放进价
     int b[10]={20,13,29,22,37,40,49,56,62,78};      // 定义 b 数组存放销售价
     int c[10]={0},i=0;                              // 定义 c 数组和变量 i，c 数组中存放差价

     for(i=0; i<10; i++)                             // 输出 a 数组
         printf("%4d",a[i]);
     printf("\n");

     for(i=0; i<10; i++)                             // 输出 b 数组
         printf("%4d",b[i]);
     printf("\n");

     for(i=0; i<10; i++)                             // 计算各商品差价
         c[i]=b[i]−a[i];

     for(i=0; i<10; i++)                             // 输出 c 数组
         printf("%4d",c[i]);
     printf("\n");
     return 0;
}
```

3. 运行结果

```
12    8   20   15   28   32   38   45   51   65
20   13   29   22   37   40   49   56   62   78
 8    5    9    7    9    8   11   11   11   13
```

4. 归纳分析

（1）一维数组的定义形式如下：

类型名 数组名 [元素个数];

其中，类型名确定所有元素的数据类型，元素个数给定数组要包含的变量个数，它可以使用表达式形式，但该表达式中只能出现常量和运算符。

本程序中在定义数组的同时给出各元素的值（即初始化），这时要用 "{ }" 括起各元素的值。

（2）数组元素的一般表示形式如下：

数组名 [下标]

其中，下标可以使用表达式形式，但必须是整型而且是有确定的值，取值范围是 0 ～ "元素个数 −1"。如本程序中数组 a 的元素有 a[0]、a[1]、a[2]、…、a[9]。

💡 **注意**：引用数组元素时不应使用超范围的下标，因为对这种情况编译时系统并不报错，所以编写程序时要格外注意。

（3）当需要逐个访问数组元素时，由于下标从 0 开始连续变化，常常会使用循环语句简化操作。如计算各商品差价时，需要执行语句"c[0]=b[0] – a[0];"，"c[1]=b[1] – a[1];"，…，"c[9]=b[9] – a[9];"，所以使用了"for(i=0; i<10; i++) c[i]=b[i]–a[i];"。

（4）定义数组后，该数组中的元素之间存在着密切的联系，例如，本程序中定义数组 a 后，a 数组中的 10 个元素占有连续的 10 个存储单元，如图 4.1 所示。每个存储单元是 int 型，占 4 个字节，所以 a 数组共占 40 个字节。

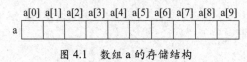

图 4.1　数组 a 的存储结构

【讨论题 4.1】　如果本实例还想输出某指定商品（键盘输入下标即可指定商品）的进价、销售价和差价，在程序的最后应加上哪些语句？

4.2.2　在字符串中找出数字字符构造新数组

在日常生活中经常根据一批已有数据构造新的数据。例如，在一批学生成绩中，找出所有男生成绩构成新的一组数据，这时使用两个数组实现。

【实例 4.2】　编写程序，在一串字符中找出所有数字字符构成新的数组。

1．编程思路

变量 ch 中的值为数字字符的条件是该变量中的值满足 ch ≥ '0' 且 ch ≤ '9'。本实例需要定义两个数组，而且需要使用两个循环变量 i 和 j，其中 i 用于从第 1 个数组中逐个访问各元素，而 j 用于构建第 2 个数组。

2．程序代码

```c
#include <stdio.h>
int main(void)
{   char old[80]="Genius is 1 percent inspiration and 99 percent perspiration." ,new[80]={'\0'};
    int i=0,j=0;

    while(old[i]!='\0')              // 用字符串结束符"\0"判断是否访问完所有有效字符
    {   if(old[i]>='0' && old[i]<='9')   // 若是数字字符
        {   new[j]=old[i];           // 给新数组元素赋值
            j++;                     // 新数组元素下标值增 1
        }
        i++;
    }
    new[j]='\0';                     // 人为存放字符串的结束符
    puts(old);                       // 输出原来的字符串
```

```
        puts(new);                        // 输出新数组中的字符串
        return 0;
    }
```

3．运行结果

```
Genius is 1 percent inspiration and 99 percent perspiration.
199
```

4．归纳分析

（1）若要在数组元素中存放字符，就应定义该数组为字符型。为字符型数组初始化时，可以直接使用字符串常量。字符串常量是用双引号括起来的一串字符，如程序中的"Genius is 1 percent inspiration and 99 percent perspiration"。系统对所有字符串的有效字符后面都自动加"\0"，以表示字符串到此结束。"\0"是字符串的结束符，其ASCII 码值为 0。若用格式说明符"%c"输出该字符，则在屏幕上看不到任何字符。

（2）定义数组 old 时元素个数定为80，但实际赋值的字符个数是 61（含自动添加的字符串结束符"\0"）。在初始化数组时，如果给定的数据个数少于元素个数，则 C 语言系统自动用 0 补齐。如本程序在 old[0]，old[1]，…，old[58]，old[59] 中存放的是 G，e，…，n，"."，在 old[60] 中存放的是"\0"，在 old[61] 至 old[79] 中存放的是自动添加的 0（实际上与"\0"等价）。

（3）虽然 old 数组中定义了 80 个元素（尽量足够多），但实际访问数组元素时，只需访问其中有效字符即可，因此只要元素的值不是字符串的结束符就重复执行循环，否则应立即退出循环。这是处理字符串时常用的方法。请注意 while 循环体中语句"j++;"和"i++;"的位置和作用。

（4）标准库函数 puts( ) 的功能是输出字符串，语句"puts(old); puts(new);"的功能分别是输出数组 old 和 new 中的字符串，这两条语句与"printf("%s\n",old); printf("%s\n",new);"等价。其中 %s 是在输入 / 输出字符串时使用的格式说明符。与 puts( ) 函数相对应，还有 gets( ) 函数，该函数的功能是输入字符串。有关 gets( ) 函数和 puts( ) 函数的介绍参见实例 5.7。

【讨论题 4.2】 若有初始化 int a[5]={1,2};，则最后一个元素的下标是多少？其元素值是多少？

4.2.3 判断密码是否正确

【实例 4.3】 随着移动互联网的飞速发展，数据泄露、漏洞类安全等网络安全事件威胁着网络环境的安全，小到每个人的隐私保护与财产安全，大到国家战略，无不与网络安全紧密相关。计算机网络安全防范是一项复杂性工程，加密技术是保障网络安全的基本措施之一。本实例要求编写一个密码判断程序，当用户输入密码时，屏幕上显示"*"，输入完毕后，系统判断密码是否正确。如果密码正确，则显示"欢迎使用本软件！"，否则显示"请使用正版软件！"（假设密码为 abc）。

1．编程思路

用语句"w=getch( ); putch('*');"可实现输入密码时屏幕上只显示"*"的效果，

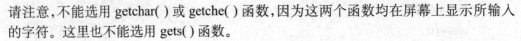

请注意，不能选用 getchar( ) 或 getche( ) 函数，因为这两个函数均在屏幕上显示所输入的字符。这里也不能选用 gets( ) 函数。

2．程序代码

```c
#include <stdio.h>
#include <conio.h>
#include <string.h>
int main(void)
{   char  w='\0', pass[10]="\0";
    int  i=0;

    printf("Input  Password : ");
    do
    {   w=getch();        // 最多输入 9 个字符
        if(w!='\r')
        {   putch('*');
            pass[i]=w;
            i++;
        }
        else  break;
    }while(1);
    pass[i]='\0';

    if(strcmp(pass,"abc")==0)  printf("\n 欢迎使用本软件！ \n");
    else
      printf("\n 请使用正版软件！ \n");
    return 0;
}
```

3．运行结果（运行时输入 abc）

```
Input  Password: ***
欢迎使用本软件！
```

4．归纳分析

（1）正确选用字符输入函数，否则将达不到所需效果。

（2）用 getch( ) 函数输入字符时，要用"\r"表示回车符，不要写成"\n"。

（3）给数组元素逐个输入字符后，在有效字符后面再存放字符串结束符"\0"才能构成字符串，本程序是在 do...while 循环后面加语句"pass[i]= \0';"实现此功能的。如果定义字符数组时，已把该数组初始化为"\0"（如本实例），则可以省略此语句，但建议还是加上。

4.2.4 求一批数据中的最大值

在实例 2.10 中已介绍从 3 个数中找出最大数的方法,但在实际应用中经常需要在一批数据中求最大值或最小值。例如,在一批商品中找出销售量最多的商品,在一群参赛者中找出年龄最小的参赛者等。

【实例 4.4】 编写程序,输入 100 名学生的学号和学年总平均成绩,找出其中成绩最高的学生。

1. 编程思路

找到学年总平均成绩最高的学生后,应显示该学生的学号和成绩。定义两个数组 num 和 score,将 100 名学生的学号存放在数组 num 中,将对应学生的学年总平均成绩存放在数组 score 中。因为只要从数组 score 中找出最大元素的下标值,即可输出与该下标值对应的学号和成绩,所以从数组 score 中查找最大元素的下标值开始入手。用变量 k 记住最大元素的下标值。

2. 程序代码

```c
#include <stdio.h>
#define N 5                              // 为了方便运行,以 5 名学生为例
int main(void)
{   int num[N]={0},i=0,k=0;
    float score[N]={0.0};

    printf("Input numbers and scores:\n");
    for(i=0; i<N; i++)                    // 输入 N 名学生的学号和学年总平均成绩
        scanf("%d%f",&num[i],&score[i]);

    for(i=0; i<N; i++)                    // 输出 N 名学生的学号
        printf("%8d",num[i]);
    printf("\n");

    for(i=0; i<N; i++)                    // 输出 N 名学生的学年总平均成绩
        printf("%8.2f",score[i]);
    printf("\n");

    k=0;                                 // 假设第一个元素值最大
    for(i=1; i<N; i++)                    // 查找最大元素的下标值
        if(score[k]<score[i])  k=i;       // k 记住最大元素的下标值

    printf("number=%d,score=%.2f\n",num[k],score[k]);
    return 0;
}
```

3. 运行结果

```
Input numbers and scores:
1001 68.21
1003 75.25
1004 80.35
1006 85.67
1007 78.73
      1001       1003       1004       1006       1007
     68.21      75.25      80.35      85.67      78.73
number=1006,score=85.67
```

4. 归纳分析

（1）求最大值时首先假设第 1 个元素最大，用变量 k 记住第 1 个元素的下标 0，然后用 score[k] 的值与后面元素逐个比较，在比较的过程中只要找到更大的元素，k 就重新记住新元素的下标。求最大值的流程图如图 4.2 所示。

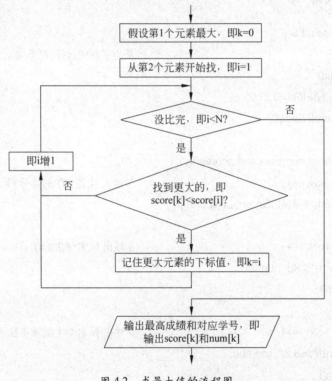

图 4.2 求最大值的流程图

（2）本程序要处理的学生人数较多，输入 100 对数据很麻烦，为了方便调试，可先把学生人数改少一些，如 5 人，等调试成功后，再把学生人数重新改为 100。

但因为程序中多次用到学生人数，所以将人数 5 改为 100 时，需要修改多处，不方便。若在程序的开头用命令行 #define N 5 定义符号常量 N，则系统自动会把程序中所有 N 的位置均改为 5，因此需要将 5 改回 100 时，简单地只把命令行中的 5 改成 100 即可，无须改动程序中其他代码。

【讨论题 4.3】 假设多名学生得到相同的最高成绩，那么本实例程序找出的学生是其中的哪一个？如果想得到最高成绩学生中的最后一个学生,应如何修改程序？

4.2.5 在有序数据中插入一个数

在日常生活中经常遇到在有序数据中插入一个数的问题。例如,小学生已由高到矮的顺序排好队,后来有一个学生晚到,于是老师给此学生找好相应的位置让其排队。

【实例 4.5】 编写程序,在已按照从小到大的顺序存入的学号中插入一个新学生的学号。要求新学号仍然遵循原来的顺序。

1. 编程思路

本实例需要分 3 步解决,即查找位置、数据移动和插入数据。具体步骤如下。

(1)用新的学号和已按照从小到大的顺序排好的一批学号逐个比大小,直至找到第 1 个比该学号大的学号为止。

(2)将找到的学号和其后面的所有学号都往后移一位,给新的学号腾出一个位置。

(3)将新的学号插入到空的位置处。

2. 程序代码

```c
#include <stdio.h>
#define N 5
int main(void)
{    int num[N+1]={1002,1003,1006,1008,1010};     // 必须多开辟一个存储单元
     int i=0,j=0,new=0;

     printf("Original numbers:\n");
     for(i=0; i<N; i++)                            // 输出最初的学号
          printf("%6d",num[i]);
     printf("\n");

     printf("Input a student number:");
     scanf("%d",&new);                             // 输入要插入的学号

     for(i=0; i<N; i++)                            // 查找插入位置
          if(new<num[i]) break;

     for(j=N; j>i; j--)                            // 将数据向后移动
          num[j]=num[j-1];

     num[i]=new;                                   // 插入数据

     printf("Final numbers:\n");
     for(i=0; i<N+1; i++)                          // 输出插入后的学号
          printf("%6d",num[i]);
```

```
        printf("\n");
        return 0;
}
```

3．运行结果

第 1 次运行结果：

```
Original numbers:
    1002   1003   1006   1008   1010
Input a student number:1007
Final numbers:
    1002   1003   1006   1007   1008 '1010
```

第 2 次运行结果：

```
Original numbers:
    1002  1003   1006   1008   1010
Input a student number:1001
Final numbers:
    1001   1002   1003   1006   1008   1010
```

第 3 次运行结果：

```
Original numbers:
    1002   1003   1006   1008   1010
Input a student number:1012
Final numbers:
    1002   1003   1006   1008   1010   1012
```

4．归纳分析

（1）进行查找操作时，只要找到所需元素，应立即退出循环，退出循环后原循环变量的值就是插入位置上的元素的下标值，运行程序时输入 1007 后的查找结果如图 4.3 所示。

（2）进行移动数据操作时，应从最后面元素开始，如对于如图 4.3 所示的查找结果，先执行"num[5]=num[4];"，后执行"num[4]=num[3];"，执行结果如图 4.4 所示。

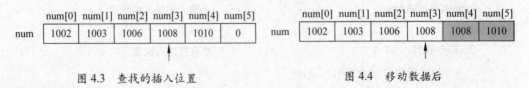

图 4.3　查找的插入位置　　　　　　　图 4.4　移动数据后

【讨论题 4.4】 要将数组中的数据向左移动，应如何操作？ 如原来数组中的元素值分别为 1、2、3、4、5，向左移动后变为 2、3、4、5、5。

4.2.6　排序数据

在日常生活中排序数据的问题也很常见。例如，将若干国名按字母顺序（从 a 到 z）排序，或将学生成绩从高到低的顺序排序等。

【实例 4.6】 编写程序，将 8 名候选人的投票数由多到少排序。

1．编程思路

用数组 a 存放 8 名候选人的投票数,假设投票数分别为 34、56、45、57、69、48、79、61,如图 4.5 所示。

将投票数由多到少排序的步骤如下。

（1）从 8 个元素中找出最大元素 79（下标为 6）,并与第 1 个元素 a[0] 对调,其结果如图 4.6 所示, a[0] 中的值变为最大。对应代码如下：

```
k=0;
for(j=1; j<8; j++)
    if(a[k]<a[j]) k=j;
t=a[0]; a[0]=a[k]; a[k]=t;
```

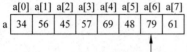

图 4.5　候选人投票数、最大数做标记

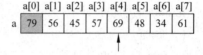

图 4.6　最大数与第 1 个数对调、次大数做标记

（2）在后 7 个元素中找出最大元素 69（下标为 4）,并与第 2 个元素 a[1] 对调,其结果如图 4.7 所示, a[1] 中的值变为次大。对应代码如下：

```
k=1;
for(j=2; j<8; j++)
    if(a[k]<a[j]) k=j;
t=a[1]; a[1]=a[k]; a[k]=t;
```

（3）同样在后 6 个元素中找出最大元素,并与第 3 个元素对调；在后 5 个元素中找出最大元素,并与第 4 个元素对调；依次进行,在后两个元素中找出最大元素,并与第 7 个元素对调,其结果如图 4.8 所示,前 7 个数由大到小排序。对应代码如下（其中 i 依次取 2、3、4、5、6）：

```
k=i;
for(j=i+1; j<8; j++)
    if(a[k]<a[j]) k=j;
t=a[i]; a[i]=a[k]; a[k]=t;
```

	a[0]	a[1]	a[2]	a[3]	a[4]	a[5]	a[6]	a[7]
a	79	69	45	57	56	48	34	61

图 4.7　次大数与第 2 个数对调、第 3 大数做标记

图 4.8　前 7 个数的排序结果

由于最后元素值自然是最小的,至此将数组中的元素由大到小排序完毕。以上操作是重复执行的,所以可以使用循环简化书写,即

```
for(i=0; i<7; i++)
```

```
{   k=i;
    for(j=i+1; j<8; j++)
        if(a[k]<a[j])  k=j;
    t=a[i];  a[i]=a[k];  a[k]=t;
}
```

2. 程序代码

```
#include <stdio.h>
int main(void)
{   int a[8]={34,56,45,57,69,48,79,61},i=0,j=0,k=0,t=0;

    for(i=0; i<7; i++)
    {   k=i;
        for(j=i+1; j<8; j++)
            if(a[k]<a[j])  k=j;
        t=a[i];  a[i]=a[k];  a[k]=t;
    }
    for(i=0; i<8; i++)
        printf("%5d",a[i]);
    printf("\n");
    return 0;
}
```

3. 运行结果

```
 79    69    61    57    56    48    45    34
```

4. 归纳分析

本程序中使用的排序算法是选择排序法,此方法是每轮都在剩下的元素中找到最大的元素后,进行交换操作。另一个常用的排序算法是冒泡排序法,此方法是每轮操作中,不断地比较相邻元素,而且只要后面的元素比前面的元素大,就立即进行交换。其代码如下：

```
#include <stdio.h>
int main(void)
{   int a[8]={34,56,45,57,69,48,79,61},i=0,j=0,t=0;

    for(i=0; i<7; i++)
        for(j=i+1; j<8; j++)
            if(a[i]<a[j])
```

```
        { t=a[i];  a[i]=a[j];  a[j]=t; }
    for(i=0; i<8; i++)
        printf("%5d",a[i]);
    printf("\n");
    return 0;
}
```

排序是把集合中的元素按照升序或降序进行排列的。除了选择排序和冒泡排序，还有很多实现排序的算法，如插入排序、快速排序、希尔排序。评价一个排序算法的好坏可以从算法的稳定性、适用场景、时间复杂度和空间复杂度等维度考虑，其中，时间复杂度是从序列的初始状态经过排序算法的变换移位等操作到最终排好序的结果状态的过程所花费的时间度量；空间复杂度是从序列的初始状态经过排序移位变换的过程到最终的状态所花费的空间开销。不同种类的排序算法适合不同种类的情境，在选择实现算法时，有时候需要节省空间但对时间没什么要求，而有时候则希望多考虑一些时间，但一个好的算法是可以节省大量资源的。

4.3 使用二维数组

4.3.1 求两个矩阵的和

【实例4.7】 编写程序，计算两个3×4矩阵的和。

1. 编程思路

定义三个含有3行4列元素的数组a、b、c，其中分别存放两个矩阵和两个矩阵之和。对两个矩阵的所有对应元素求和即可得到该两个矩阵之和。

2. 程序代码

```
#include <stdio.h>
int main(void)
{   int a[3][4]={{3,8,12,15},{2,6,15,13},{5,7,10,16}};
    int b[3][4]={{6,10,17,15},{5,12,19,20},{7,16,21,16}};
    int c[3][4]={0},i=0,j=0;

    printf("Array a:\n");
    for(i=0; i<3; i++)
    {   for(j=0; j<4; j++)
            printf("%4d",a[i][j]);
        printf("\n");
    }

    printf("Array b:\n");
    for(i=0; i<3; i++)
```

```
{       for(j=0; j<4; j++)
            printf("%4d",b[i][j]);
        printf("\n");
    }

    for(i=0; i<3; i++)
        for(j=0; j<4; j++)
            c[i][j]=a[i][j]+b[i][j];

    printf("Array c:\n");
    for(i=0; i<3; i++)
    {       for(j=0; j<4; j++)
            printf("%4d",c[i][j]);
        printf("\n");
    }
    return 0;
}
```

3．运行结果

```
Array a:
    3    8   12   15
    2    6   15   13
    5    7   10   16
Array b:
    6   10   17   15
    5   12   19   20
    7   16   21   16
Array c:
    9   18   29   30
    7   18   34   33
   12   23   31   32
```

4．归纳分析

（1）用 C 语言处理矩阵时常常使用二维数组，二维数组的定义形式如下：

类型名 数组名 [行数][列数]；

其中，类型名确定所有元素的数据类型，行数和列数分别给定数组要包含的行数和列数，它们可以使用表达式形式，但表达式中只能出现常量和运算符。

给二维数组初始化时，每一行的元素值要用"{ }"括起，最后还要将所有元素括起来。

（2）二维数组元素的一般表示形式如下：

数组名 [行下标][列下标]；

其中，下标可以使用表达式形式，但必须是整型且是有确定的值，行下标取值范围是

0～行数-1,列下标取值范围是0~列数-1。如本程序中数组a的元素有a[0][0]、a[0][1]、a[0][2]、a[0][3]、a[1][0]、a[1][1]、a[1][2]、a[1][3]、a[2][0]、a[2][1]、a[2][2]、a[2][3]。

引用二维数组元素时不应使用超范围的下标。

(3) 当需要逐个访问二维数组元素时,常常使用双重循环语句简化操作,其中外循环控制行下标的变化,内循环控制列下标的变化。

(4) 定义数组a后,该数组的存储结构如图4.9所示,但为了方便理解,一般用如图4.10所示的形式表示。

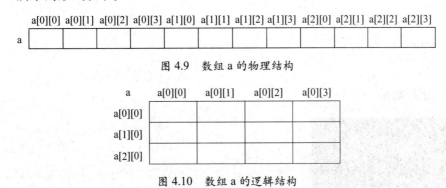

	a[0][0]	a[0][1]	a[0][2]	a[0][3]	a[1][0]	a[1][1]	a[1][2]	a[1][3]	a[2][0]	a[2][1]	a[2][2]	a[2][3]
a												

图4.9 数组a的物理结构

a	a[0][0]	a[0][1]	a[0][2]	a[0][3]
a[0][0]				
a[1][0]				
a[2][0]				

图4.10 数组a的逻辑结构

4.3.2 求方阵对角线上元素之和

【实例4.8】 编写程序,分别计算5×5方阵的主对角线上的元素之和与副对角线上的元素之和。

1. 编程思路

定义一个含有5行5列元素的数组a。主对角线上的元素包括a[0][0]、a[1][1]、a[2][2]、a[3][3]和a[4][4],其特点是行下标和列下标的值相等；副对角线上的元素包括a[0][4]、a[1][3]、a[2][2]、a[3][1]和a[4][0],其特点是行下标与列下标的和为4。所以,在逐个访问所有元素的过程中,只要行下标和列下标的值相等,就将该元素的值累加到s1中,只要行下标与列下标的和为4,就将该元素的值累加到s2中。

2. 程序代码

```
#include <stdio.h>
int main(void)
{   int a[5][5]={{3,18,21,25,28},{2,61,52,23,35},{25,17,81,56,63}, {26,60,53,31,65},{45,37,21,5
            6,63}};
    int i=0,j=0,s1=0,s2=0;

    printf("Array a:\n");
    for(i=0; i<5; i++)
    {     for(j=0; j<5; j++)
              printf("%4d",a[i][j]);
          printf("\n");
    }
```

```
for(i=0; i<5; i++)
    for(j=0; j<5; j++)
    {   if(i==j)
            s1=s1+a[i][j];
        if(i+j==4)
            s2=s2+a[i][j];
    }

    printf("s1=%d,s2=%d\n",s1,s2);
    return 0;
}
```

3．运行结果

```
Array a:
   3   18   21   25   28
   2   61   52   23   35
  25   17   81   56   63
  26   60   53   31   65
  45   37   21   56   63
s1=239,s2=237
```

4．归纳分析

（1）处理矩阵时一般使用二维数组，但在特殊情况下，可以使用单重循环解决，如本实例中计算两个对角线上元素之和的操作可改写如下：

```
for(i=0; i<5; i++)
{   s1=s1+a[i][i];
    s2=s2+a[i][4-i];
}
```

（2）编写程序时应注意逻辑关系，若将计算两个对角线上元素之和的代码改写成如下形式是错误的，因为此代码在计算副对角线上元素之和时，不能包括行下标和列下标相等的元素。

```
for(i=0; i<5; i++)
    for(j=0; j<5; j++)
    {   if(i==j)
            s1=s1+a[i][j];
        else if(i+j==4)
            s2=s2+a[i][j];
    }
```

【讨论题 4.5】 如果要计算矩阵周边的元素之和，应如何编写程序？

4.3.3　显示算术题和学生答题信息

【实例 4.9】　编写程序,给小学生出四道 100 以内两个数的加法题,每道题分数为 25,最后将题目与学生的答题结果、正确答案、实际得分显示在屏幕上。

1．编程思路

定义 4 行 6 列的二维数组 a,在数组的每一行存放一道题的信息,各行的第 1 列元素中存放第 1 个加数,第 2 列元素中存放第 2 个加数,第 3 列元素中存放学生答案,第 4 列元素中存放正确答案,第 5 列元素中存放答案是否正确的标志,第 6 列元素中存放本题目的得分。

2．程序代码

```
#include <stdio.h>
#include <time.h>
#include <stdlib.h>
#define N 4
int main(void)
{   int i=0,total=0;
    int a[N][6]={0};

    srand(time(0));                        // 初始化随机数发生器
    for(i=0; i<N; i++)                     // 共四行,出四道题
    {   a[i][0]=rand()%100;                // 用 rand()%100 产生第 1 个加数
        a[i][1]=rand()%100;                // 产生第 2 个加数
        printf("%d+%d=",a[i][0],a[i][1]);  // 显示题目
        scanf("%d",&a[i][2]);              // 输入学生答案
        a[i][3]=a[i][0]+a[i][1];           // 计算正确答案
        if(a[i][3]==a[i][2])               // 判断答案是否正确
        {   a[i][4]=1;                     // 答案正确时做标记 1
            a[i][5]=25;                    // 答案正确时本题目得 25 分
        }
        else
        {   a[i][4]=0;                     // 答案错误时做标记 0
            a[i][5]=0;                     // 答案错误时本题目不得分
        }
        total=total+a[i][5];               // 累加得分
    }

    for(i=0; i<N; i++)                     // 显示做题记录
```

```
        printf("%2d+%2d=%3d%5d%5d%5d\n",a[i][0],a[i][1],a[i][2],a[i][3],a[i][4],a[i][5]);
    printf("The score is:%d\n",total);          // 显示总分
    return 0;
}
```

3．运行结果

```
20+59=79
73+2=75
47+27=64
22+36=58
20+59=  79     79     1     25
73+ 2=  75     75     1     25
47+27=  64     74     0      0
22+36=  58     58     1     25
The score is:75
```

4．归纳分析

（1）解决实际问题时可将日常生活中的很多问题都转化为表格形式。处理表格形式的数据时经常使用二维数组解决。如处理 12 个月中 10 种产品的产量时，可以定义"int a[12][10];"，其中行号表示月份，列号表示某种产品。定义数组时，数组的行数或列数常用 define 命令行给出，以便修改。本程序中各行代表每道题的信息，所以引用时不易出错，但各列所代表的含义不同，容易混淆，因此使用时要注意。

（2）对于每道题，题目的产生（前两列中的加数）、学生输入答案、计算正确答案、判断学生答案是否正确、记录本题得分等过程均相同，所以重复进行 4 次操作，行号由 0 变化至 3，如图 4.11 所示。程序中重复操作选用了 for 语句。

a	a[0][0]	a[0][1]	a[0][2]	a[0][3]	a[0][4]	a[0][5]	
a[0][0]							第1题
a[1][0]							第2题
a[2][0]							第3题
a[3][0]							第4题
	加数1	加数2	学生答案	正确答案	是否正确	本题得分	

图 4.11　数组 a 的逻辑结构

（3）在编写程序的过程中要擅长使用系统提供的标准库函数，以免重复劳动，提高编程效率。不同的编译系统会提供不同的标准库函数，编程时可查阅该系统标准库函数。我们已多次使用过随机产生数据的函数，本例中 srand(time(0))、rand( ) 均为 Visual C++ 标准库函数，前者初始化随机计数器，后者产生随机正整数。

（4）在编写具有实用功能的软件程序时，要遵循软件开发的流程，包括需求分析、概要设计、详细设计、编码、测试以及维护等环节。在需求分析阶段，需要明确要开发软件的功能模块及相关的界面；概要设计需要从系统的组织结构、模块划分、功能分配、接口设计、数据结构设计等进行综合考虑，为软件的详细设计提供基础；在详细设计中，

描述实现具体模块所涉及的主要算法、数据结构等,以便进行编码和测试;在编码阶段,开发者根据软件开发的规范与详细设计的要求,进行具体的程序编写,实现各模块的功能要求;测试是软件中一个非常重要的步骤,在测试阶段需要反复确认软件的每项功能,以满足客户的需求并解决客户的问题。在软件交付客户后,应根据用户需求的变化或环境的变化,对程序进行修改和维护等。

4.3.4 编写不同级别的打字练习程序

【实例 4.10】 假设有三种难度级别不同的文字,其中初级由一串小写字母构成,中级由一串大小写字母构成,高级由英文字母和其他字符组成。编写程序,选择一个级别的文字练习打字,要求显示准确率。按回车键停止练习,这时总字数是实际输入的字符数。

1. 编程思路

定义 3 行 80 列的二维数组 a,每个级别最多可存放 80 个字符,二维数组的每一行代表一个级别的字符,该数组的行号表示一个级别。先输入行号确定级别,然后通过循环逐一输入该行上的字符,同时判断所输入的字符是否正确。定义字符型变量 ch 存放所输入字符,整型变量 right 和 j 分别存放输入的正确字符数与输入字符总数,最后用 right/j*100 显示准确率。

2. 程序代码

```c
#include <stdio.h>
#include <conio.h>
int main(void)
{   char a[3][80]={"programming","He went to Beijing","What's 2 and 3?"};
    char ch='\0';
    int i=0,j=0,right=0;

    printf("Please select from 0 to 2:");
    scanf("%d",&i);             // 选择一个级别
    puts(a[i]);                 // 显示所选级别的文字
    ch=getch();                 // 从键盘输入一个字符,不在屏幕上显示
    while(ch!='\r')             // '\r' 代表回车符
    {   putchar(ch);
        if(a[i][j]==ch)
            right++;
        j++;
        ch=getch();
    }
    printf("\nThe correct rate is:%f\n",(float)right/j*100);
    return 0;
}
```

3．运行结果

```
Please select from 0 to 2:1
He went to Beijing
he went to bei
The correct rate is:85.714286
```

4．归纳分析

（1）在二维数组中只要确定行号，那么从数组中逐一引用该行上各列元素的方法与一维数组中各元素的方法完全一致。

（2）在操作字符类型的数据时经常会使用 getch( )、getchar( )、putchar( ) 等标准库函数输入 / 输出字符，此方法比用 scanf( )、printf( ) 语句更为简捷好用。本程序选用 getch( ) 函数输入字符，其目的是不显示用户所输入的字符，使显示效果美观。

（3）在 printf( ) 函数的输出项中可以包括表达式，本程序将（float)right/j*100 作为输出项，其中不能缺少强制类型转换符（float)。

4.3.5　统计一个学习小组的成绩

【实例 4.11】　假设一个学习小组由五名学生组成，每个组员有数学、英语和物理课的考试成绩。编写程序，求学习小组各科的平均成绩和总平均成绩。

1．编程思路

定义一个 5 行 3 列的二维数组 a、一个含有三个元素的一维数组 v 和变量 ave。数组 a 中存放所有组员的成绩，该数组的每一行元素代表一个组员三门课程的成绩；数组 v 的元素中分别存放数学、英语和物理的平均成绩；变量 ave 中存放总平均成绩。假设组员的成绩如下：

姓名	数学	英语	物理
张鹏	80	75	92
王昕	61	65	71
李磊	59	63	70
赵玥	85	87	90
周逸	76	77	85

先计算每门课的平均成绩，再计算总平均成绩。存放平均成绩的数组 v 和变量 ave 应为实型。

2．程序代码

```
#include <stdio.h>
int main(void)
{    int i=0,j=0,s=0,a[5][3]={0};
     float v[3]={0.0},ave=0.0;

     printf("Input score:\n");
     for(i=0; i<3; i++)                    // 外循环为三门科目
```

```
    {   for(j=0; j<5; j++)                      // 内循环为五名学生
        {   scanf("%d",&a[j][i]);               // 输入五名学生一门课的成绩
            s=s+a[j][i];                        // 计算五名学生一门课的成绩总和
        }
        v[i]=s/5.0;                  // 计算一门课的平均成绩
        s=0;
    }
    ave=(v[0]+v[1]+v[2])/3;                      // 计算总平均成绩

    printf("The score:\n     Math English Physics\n");
    for(i=0; i<5; i++)                           // 外循环为五名学生
    {   for(j=0; j<3; j++)                       // 内循环为三门课程成绩
            printf("%8d",a[i][j]);
        printf("\n");
    }

    printf("The average:\n");
    printf("Math:%.1f   English:%.1f   Physics:%.1f\n",v[0],v[1],v[2]);
    printf("Total:%.1f\n",ave);
    return 0;
}
```

3. 运行结果

```
Input score:
80 61 59 85 76
75 65 63 87 77
92 71 70 90 85
The score:
     Math  English Physics
      80      75      92
      61      65      71
      59      63      70
      85      87      90
      76      77      85
The average:
Math:72.2    English:73.4    Physics:81.6
Total:75.7
```

4. 归纳分析

（1）对于每门课程需要累加五名学生的成绩，由于二维数组的各行中存放每个学生的成绩，而同一列中存放同一门课程成绩，所以采用计算同一列（列下标不变）各行（行下标变化）元素之和的方法求得一门课的总成绩。本程序在输入五名学生成绩的同时累加它们，从而简化了操作。退出内循环后再计算该门课程的平均成绩，特别要注意语句"v[i]=s/5.0;"不能写成"v[i]=s/5;"，因为变量 s 为整型，两个整型数据的商仍为整型。

（2）用双重循环处理二维数组时，应根据实际需要正确选择内外循环。如本程序在累加一门课五名学生成绩时，以科目作为外循环、五名学生作为内循环，但输出数组元素时，以五名学生作为外循环、科目作为内循环。

【讨论题 4.6】 程序中的循环体中如果没有语句“s=0;”，那么数组 v 的元素中分别存放什么？为什么？

4.4 贯穿教学全过程的实例——公交一卡通管理程序（4）

本节实现存取公交一卡通中数据的功能，完善 3.6 节中的贯穿实例。涉及的知识点是顺序结构、分支结构、循环结构和数组。

1．功能描述

（1）程序开始运行时显示如图 1.11 所示的欢迎界面，延时 2 秒后，显示如图 1.12 所示的菜单界面。

（2）在菜单中选择 1~7 的数字时，实现相应功能，再按任意键重新显示如图 1.12 所示的菜单界面。1~7 对应的相应功能具体描述如下。

① 输入选项 1，创建数据。卡号按自然序列（即 1,2,3,⋯）顺序自动生成，用户名、卡内余额和乘客信息（0 或 1）由键盘输入，卡是否被注销的信息均设为 0，说明所有卡没被注销。

② 输入选项 2，显示信息。显示所有没被注销过的公交卡信息。例如，本实例如果创建由四人组成的公交卡模拟系统，则在屏幕上显示的信息如图 4.12 所示。

卡号	用户名	卡内余额	乘客信息
1	郝丽丽	20.00	1
2	刘燕	50.00	0
3	张萌萌	40.00	1
4	赵珊珊	100.00	0

说明：乘客信息为1表示学生卡，否则为成人卡。

图 4.12　所有没被注销过的公交卡信息

③ 输入选项 3，注销旧卡。输入卡号，判断该卡是否存在，若存在并且该卡没有注销标记，则将该卡的余额退回给用户，卡内余额重新设为 0，同时对该卡做注销标记，做注销标记并没有真正删除该条记录。

④ 输入选项 4，添加新卡。如果有被注销过的卡，则优先将此卡号分配给新卡使用，否则在所有卡后面再添加新卡信息。用户名、卡内余额和乘客信息（0 或 1）由键盘输入，卡是否被注销的信息设为 0，说明没有被注销。

⑤ 输入选项 5，坐车刷卡。假设公交车票价采用 1 元单一票制，学生卡半价为 0.5 元。在乘坐公交车时，由用户输入自己的卡号，如果不存在该卡，则提示用户支付现金 1 元；如果存在该卡，并且该卡没有被注销，则系统根据票价的规定，从该卡的余额中扣除相应的票价，在扣除票价时，如果卡内余额不足，则也提示用户支付现金 1 元。

⑥ 输入选项 6，卡内续钱。输入卡号和要续的金额，如果存在该卡，并且该卡没有被注销，则系统将所续的金额累加到卡内余额项中。

⑦ 输入选项 7，统计数据。统计所有卡的余额总和、有效卡数、学生卡数和成人卡数。

（3）在菜单中选择 0 时，显示"谢谢使用本系统！"，按任意键退出系统。

（4）当输入非法选项时，显示"输入错误，请重新选择！"，按任意键重新显示如图 1.12 所示的菜单界面。

2. 编程思路

具体的用户数是根据所输入的内容逐渐增加，因此先假设最多可容纳的用户数。为了便于修改程序，可以使用符号常量暂时最多控制用户 50 人。

每位用户信息均包括卡号、用户名、余额、是不是学生、是否被注销五种信息，所以定义五个数组分别存放每位用户的各项信息。但要注意，数组的下标变化要一致，如用 cnum[0] 表示一个用户的卡号时，必须用 pname[0] 表示该用户的名字，不能用 pname[1]、pname[2] 等形式表示，否则容易混淆。

3. 程序代码

```c
#include <stdio.h>
#include <conio.h>
#include <stdlib.h>
#include <windows.h>
#define N 50                          // 用户最多50人

int main(void)
{    char choose='\0';
     int cnum[N];                     // 存放卡号
     char pname[N][10]={"\0"};        // 存放卡的用户名
     double cmoney[N]={0};            // 存放卡内余额
     int stu[N]={0};                  // 存放是否是学生的信息,非1:成人卡;1:学生卡
     int flag[N]={0};                 // 存放卡是否注销信息, 0:该卡正常使用;1:该卡
                                      //    被注销
     int num=0;                       // 存放实际用户数
     int i=0,symbol=0,cardnumber=0,cardmoney=0,k=0,user=0,student=0,adult=0;
     double ticket=0,sum=0;

     system("cls");                   // 显示欢迎界面
     printf("\n\t\t||==================================||");
     printf("\n\t\t||----------------------------------||");
     printf("\n\t\t||-------------  Welcome  -----------||");
     printf("\n\t\t||----------- use bus traffic  ------||");
     printf("\n\t\t||--------------  card  -------------||");
```

```
printf("\n\t\t||------------------------------------||");
printf("\n\t\t||====================================||");
Sleep(2000);

while(1)                    // 该循环只有一个出口：选择 0 才可以退出
{   system("cls");
    printf("\n");
    printf("\n\t\t|------------------------------------|");
    printf("\n\t\t|----------- Please input (0-7) -----------|");
    printf("\n\t\t|------------------------------------|");
    printf("\n\t\t|            1. 创建文件            |");
    printf("\n\t\t|            2. 显示信息            |");
    printf("\n\t\t|            3. 注销旧卡            |");
    printf("\n\t\t|            4. 添加新卡            |");
    printf("\n\t\t|            5. 坐车刷卡            |");
    printf("\n\t\t|            6. 卡内续钱            |");
    printf("\n\t\t|            7. 统计数据            |");
    printf("\n\t\t|            0. 退出系统            |");
    printf("\n\t\t|------------------------------------|");
    printf("\n\t\t\t");
    scanf(" %c",&choose);
    switch(choose)
    {   case '1':
            choose='y';
            while(choose=='Y' || choose=='y')
            {   system("cls");
                cnum[i]=i+1;
                printf("\n\t 请输入用户名 :");
                scanf("%s",pname[i]);
                printf("\n\t 卡内存多少钱 ?");
                scanf("%lf",&cmoney[i]);
                printf("\n\t 是学生吗（0: 不是 / 1: 是）?");
                scanf("%d",&stu[i]);
                flag[i]=0;                    // 卡能正常使用
                i++;
                if(i<N)
                    do
                    {   printf("\n\t 继续添加吗（y 或 Y: 继续，n 或 N: 停止）?");
                        scanf(" %c",&choose);
```

```
        } while(choose!='Y' && choose!='y' && choose!='N' &&
            choose!='n');
        else
        {   printf("\t 数据库已满 \n");  break;  }


    }
    num=i;
    break;
case '2':
    system("cls");
    printf("\n|————————|————————|————————|————————|");
    printf("\n|    卡号    |  用户名  | 卡内余额 | 乘客信息 |");
    for(i=0;i<num;i++)
        if(flag[i]==0)                    // 如果该卡没被注销,则显示该卡信息
        {   printf("\n|————————|————————|————————|————————|");
            printf("\n| %5d    |%8s  | %7.2lf  |  %3d    |",cnum[i],pname[i],
                cmoney[i],stu[i]);
        }
    printf("\n|————————|————————|————————|————————|");
    printf("\n\n                说明:乘客信息为 1 表示学生卡,否则为成人卡。\n");
    getch();
    break;
case '3':
    symbol=0;
    printf("\n\t 请输入用户卡号 : ");
    scanf("%d",&cardnumber);
    for(i=0;i<num;i++)
        if(cnum[i]==cardnumber && flag[i]!=1)
        {   symbol=1; break;  }
    if(symbol==0)                   // 没找到卡
        printf("\n\t 无效卡。\n");
    else                            // 找到该卡
    {   do
        {   printf("\n\t 确实注销 %d 号卡吗(y 或 Y: 注销, n 或 N: 不注销)?",
                cardnumber);
                scanf(" %c",&choose);
        } while(choose!='Y' && choose!='y' && choose!='N' && choose!='n');
        if(choose=='Y' || choose=='y')
        {   printf("\n\t 请退还 %0.2lf 元。\n",cmoney[i]);
```

```
                getch();
                cmoney[i]=0;
                flag[i]=1;
            }
            printf("\t 注销旧卡成功！ \n");
        }
        else
            printf(" 没有注销，操作终止 \n");
        getch();
        break;
    case '4':
        symbol=0;
        for(i=0;i<num;i++)          // 寻找是否有被注销的卡，flag==1 表示被注销
            if(flag[i]==1)
            { symbol=1;   break;}
        if(symbol==0)
        {   num++;                  // 如果没有被注销的,总人数加 1
            if(num>N)
            {   printf("\n 数据库已满 \n");  exit(0);  }
        }
        cnum[i]=i+1;
        printf("\n\t 请输入用户名 :");
        scanf("%s",pname[i]);
        printf("\n\t 卡内存多少钱 ?");
        scanf("%lf",&cmoney[i]);
        printf("\n\t 是学生吗（0: 不是 / 1: 是）?");
        scanf("%d",&stu[i]);
        flag[i]=0;
        printf("\t 添加新卡成功！ \n");
        getch();
        break;
    case '5':
        symbol=0;
        printf("\n\t 请输入用户卡号 : ");
        scanf("%d",&cardnumber);
        for(i=0;i<num;i++)
            if(cnum[i]==cardnumber && flag[i]!=1)
            {   symbol=1;  break;   }
        if(symbol==0)                           // 没找到卡
```

```c
    { printf("\n\t 无效卡,请付现金 1 元。\n");
      getch();
    }
    else                              // 找到该卡
    { if(stu[i]==1)                   // 学生卡
          ticket=0.5;
      else
          ticket=1;                   // 成人卡
      if(cmoney[i]>=ticket)           // 卡内余额是否够本次乘车的车票钱
      { cmoney[i]=cmoney[i]-ticket;
        printf("\t 扣除 %.2lf 元,余额是 %.2lf 元。\n",ticket,cmoney[i]);
        getch();
      }
      else                            // 卡内余额不够车票钱时,提示用户支付现金
      { printf("\n\t 余额不足,请付现金 1 元。\n");
        break;
      }
    }
    break;
case '6':
    symbol=0;
    printf("\n\t 请输入用户卡号 : ");
    scanf("%d",&cardnumber);
    for(i=0;i<num;i++)
        if(cnum[i]==cardnumber && flag[i]!=1)
        { symbol=1;  break; }
    if(symbol==0)                     // 没找到卡
        printf("\n\t 无效卡。");
    else                              // 找到该卡
    { do
      { printf("\n\t 请输入续钱金额 : ");
        scanf("%d",&cardmoney);
        if(cardmoney<=0)
            printf("\n\t 输入错误,请再输入一次 : ");
        else
            break;
      } while(1);
      cmoney[i]=cmoney[i]+cardmoney;
      printf("\n\t 续钱成功,卡内余额是 %.2lf 元。\n",cmoney[i]);
```

111

```
            }
            getch();
            break;
       case '7':
            sum=0; user=0; student=0; adult=0;
            for(i=0;i<num;i++)
            {    sum=sum+cmoney[i];
                 if(flag[i]==0)
                 {   user++;
                     if(stu[i]==1)
                         student++;
                     else
                         adult++;
                 }
            }
            printf(" 余额总和：%.2lf,有效卡数为：%d,学生卡数为：%d,成人卡数为：%d。
                 \n",sum,user,student,adult);
            getch();
            break;
       case '0':  printf("\t\t 谢谢使用本系统！\n"); exit(0);   break;
       default: printf("\n\t\t 输入错误,请重新选择！  ");
        }
    }
    return 0;
}
```

本实例实现了各种功能,但 case 后面的语句较多,代码不易看懂,在 6.5 节用调用函数的方法可以完善。

4.5 本 章 总 结

1.数组的概念

数组是带下标的变量（即数组元素）集合,一个数组中的所有元素具有相同的数组名和数据类型,它们通过不同的下标值区分。只有一个下标的数组称为一维数组,有两个下标的数组称为二维数组。

2.数组的定义

一维数组的定义形式如下：

类型名 数组名 [元素个数];

二维数组的定义形式如下：

类型名 数组名 [行数][列数];

其中，元素个数给定一维数组要包含的变量个数，行数和列数分别给定二维数组要包含的行数和列数，元素个数、行数和列数均可以是表达式，但其中只能出现常量（含符号常量）和运算符。数组名不能与其他变量名相同，对于同一个数组，其所有元素的数据类型都是相同的。数组必须先定义后使用。

3. 数组的存储结构

定义数组后，系统为数组元素依次分配连续的存储单元，因此该数组中的元素之间存在密切的联系。例如，用 "int a[10];" 定义数组 a 后，a 数组中的 10 个元素占有连续的 10 个存储单元，每个存储单元是 int 型，占 4 个字节，所以 a 数组占 40 个字节；再如，用 "float b[10][3];" 定义数组 b 后，b 数组中的 30 个元素占有连续的 30 个存储单元，每个存储单元是 float 型，占 4 个字节，所以 b 数组占 120 个字节。由于数组元素所占的存储单元是连续的，所以运行时能够提高数据的存取效率。

4. 数组元素的引用

数组元素是组成数组的基本单元，一维数组元素的一般表示形式如下：

数组名 [下标]

二维数组元素的一般表示形式如下：

数组名 [行下标][列下标]

下标表示元素在数组中的顺序号，它从 0 开始。引用数组元素时不应使用超范围的下标，系统对下标越界不做检查。下标可以使用表达式形式，但必须是整型而且有确定的值。

在 C 语言中只能逐个引用数组元素，而不能一次性地引用整个数组。例如，输出含有 10 个元素的数组，通常使用循环语句（如 "for（i=0; i<10; i++）printf("%4d",a[i]);"）逐个输出各元素值，而不能用一条语句（如 "printf（"%4d",a）;"）输出整个数组。

5. 字符串

字符串是用双引号括起来的一串字符，由于 C 语言不提供字符串类型的数据，要存放字符串，就需借用一维数组。字符串以 "\0" 作为结束标志，因此字符串实际占用的数组元素个数要比字符串的有效字符个数多 1。注意，以下初始化中为数组 str1 和 str2 所开辟的存储单元的个数是不同的，str1 只需要 6 个存储单元，但 str2 需要 7 个存储单元。代码如下：

```
char str1[]={'G','o',' ','o','n','!'},str2[]="Go on!";
```

思 考 题

1. 下面的定义方法对不对？

```
int main(void)
{   int n=5;
    int  a[n]={0};
    …
}
```

2．要记录一周内每日的支出金额，应如何定义数组方便？

3．有人说，若有初始化"float a[6]={1,2.0,3,4.0,5,6.0};"，则元素 a[0]、a[2]、a[4] 中所存放的数据是整型类型，其中分别存放 1、3、5，而元素 a[1]、a[3]、a[5] 中所存放的数据是单精度型，其中分别存放 2.0、4.0、6.0。此说法正确吗？

4．若有初始化："int i=0,a[10]={1,2,3,4,5,6,7,8,9,10};"，要从最后一个元素开始逐个输出各元素值，应使用的语句是什么？

5．对二维数组进行操作时，经常使用双重循环解决，此时外循环和内循环的选择有严格的规定吗？例如，必须通过外循环控制行，通过内循环控制列等。

6．请详细分析实例 4.11 中下列语句双重循环是如何输出的。

```
for(i=0; i<5; i++)
{   for(j=0; j<3; j++)
        printf("%8d",a[i][j]);
    printf("\n");
}
```

7．假如要存放字符串"Who are you?"，应如何定义数组 str？

上机练习

1．假设用一维数组记录某工人三月份的出勤情况，1 表示出勤，0 表示缺勤。编写程序，计算该工人三月份的工资（工资 = 出勤天数 ×70 元）。

2．假设已将 10 名学生的成绩存放在数组中，但发现成绩都错一位，即将成绩 78、56、89、91、48、68、73、85、76、70 存储成 78、78、56、89、91、48、68、73、85、76。编写程序，将每人的成绩改正。

3．假设数组 a 中已经存放 20 个整数，编写程序，将其中所有偶数存放在数组 b 中，将所有奇数存放在数组 c 中。

4．假设有一组已按升序排列的 10 个整数，编写程序，输入一个整数，并将此数插入到该有序数列中。注意，不能先存放后重新排序，而应直接找到合适的位置插入。

5．某工厂有 20 名工人，根据 1 年内每人所生产的零件数给予奖励，奖励原则是零件数超过 1000 件的工人奖励 500 元，零件数在 900～999 件的工人奖励 300 元。编写程序，输出每个工人的编号和该工人所生产的零件数以及得到奖励的工人编号、零件数和奖金。

6．编写程序，输入若干个数字，并统计每个数字出现的个数。（提示：定义含有 10

个元素的数组 a, 用 a[0] 统计数字 0 出现的个数, 用 a[1] 统计数字 "1" 出现的个数, …, 用 a[9] 统计数字 "9" 出现的个数。)

7. 假设有一个 3×4 的矩阵, 编写程序, 找出其中值最大的元素, 并输出最大值及最大值所在的行号和列号。

8. 假设有一个 3×4 的矩阵, 编写程序, 将其中所有 3 的倍数的元素的值均改为 3。

9. 假设一个数组中已存放若干个数字字符, 编写程序, 将每个数字字符转换成对应的数字后存放在另一个数组中。

10. 编写程序, 将一个字符串存放在数组中, 并按逆序输出。

自　测　题

1. 以下的程序运行后的输出结果是_____。

```
#include <stdio.h>
int main(void)
{   int i,a[10]={0,0,1,3,1,2,2,1,0,0},b[4]={0};
    for(i=0;i<10;i++)
        b[a[i]]=b[a[i]]+1;
    for(i=0;i<4;i++)
        printf("%d",b[i]);
    return 0;
}
```

2. 下面程序段的功能是, 在输入的两个字符串中, 找出对应位置相同的字符并输出。请填空。

```
char a[80],b[80];
    ____【1】____ ;

gets(a);  gets(b);
    ____【2】____ (a[i]!='\0' && b[i]!='\0')
{     ____【3】____
        printf("%c",a[i]);
    ____【4】____ ;
}
```

3. 下面程序的功能是, 先从键盘输入 10 个数存放在数组 a 中, 再将数组 a 的元素中所有偶数值存放到数组 b 中。请补充循环体。

```
#include <stdio.h>
int main(void)
```

```
{   int a[10],b[10],i,n=0;

    for(i=0; i<10; i++)
    {
        _____
    }
    printf("a 数组中的元素为 :\n");
    for(i=0; i<10; i++)
        printf("%4d",a[i]);
    printf("\n");
    printf("b 数组中的元素为 :\n");
    for(i=0;i<n;i++)
        printf("%4d",b[i]);
    printf("\n");
    return 0;
}
```

4. 编写程序,在含有 10 个元素的一维整型数组中找出值最小的元素,并将其值与第一个元素的值对调。

自测题参考答案

1. 4321
2.
【1】 int i=0
【2】 while
【3】 if(a[i]==b[i])
【4】 i++
3.

```
scanf("%d",&a[i]);
if(a[i]%2==0)
{   b[n]=a[i];
    n++;
}
```

4.

```
#include <stdio.h>
int main(void)
{   int j,k,temp,a[10];
```

```
    for(j=0;j<10;j++)
    {     scanf("%d",&a[j]);   printf("%4d",a[j]);   }
    printf("\n");
    k=0;
    for(j=1;j<10;j++)
        if(a[k]>a[j])  k=j;
    temp=a[0]; a[0]=a[k]; a[k]=temp;
    for(j=0;j<10;j++)
        printf("%4d",a[j]);
    printf("\n");
    return 0;
}
```

第5章 指　针

学习目标

1. 掌握指针的概念。
2. 掌握字符串的概念。
3. 学会通过指针变量访问普通变量。
4. 学会通过指针变量访问一维数组和二维数组。
5. 学会通过指针变量访问字符串。
6. 掌握字符串处理函数的使用方法。
7. 了解逗号表达式的处理过程。

5.1　认识变量的地址和指针变量

我们对日常生活中的地址概念很熟悉,这个地址是人或团体居住或通信的地点,设置地址的目的是方便且快速地找到指定地点。同样,为了方便地访问存储单元,在 C 语言中也为各存储单元设置了地址。

C 语言编译系统为内存中的每个字节都按顺序编了号,因此如果定义 char 型变量 x,则 x 占一个编号,定义 float 型变量 y,则 y 占 4 个连续的编号,如图 5.1 所示,其中我们所关心的是每个变量第 1 个字节的编号,因为通过变量的第 1 个字节,可以找到该变量所代表的存储单元(根据变量所占的字节数)。将变量的第 1 个字节编号称为该变量的地址,并用 "& 变量名" 表示,如 &x 表示变量 x 的地址。C 语言中有一种特殊的变量,专门用于存放其他变量的地址,这种变量叫作指针变量,通常简称为指针。

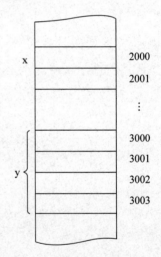

图 5.1　变量 x、y 所占的编号

5.2　通过指针访问普通变量

我们知道,每本书都设有页码和目录,若要查看某章节,可以从第 1 页开始逐页找,也可以先从目录中找到该章节的页码后再查看该页码上的内容,显然后一种方法更方便。同样,在 C 语言中访问变量也有两种方法：一种是直接通过变量名访问；另一种是通过存放该变量地址的指针变量访问。

【实例 5.1】 阅读以下程序,理解通过指针变量访问普通变量的方法。

```
#include <stdio.h>
int main(void)
{    int x=0;
     int *p;                                 // 定义整型指针变量 p

     p=&x;                                   // 将变量 x 的地址赋给指针变量 p
     *p=100;                                 // 相当于 x=100;
     *p=*p+50;                               // 相当于 x=x+50;
     printf("x=%d\n",x);
     return 0;
}
```

1．运行结果

```
x=150
```

2．归纳分析

（1）指针变量必须先定义后使用，指针变量的一般定义形式如下：

类型名 * 指针变量名；

其中，类型名指定所定义的指针变量只能存放与该类型相同的变量地址，出现在类型名后面的"*"是说明符，表示定义的变量是指针变量，而不是普通的变量。如果有定义"int a; float b; float *p;"，则在指针变量 p 中可以存放变量 b 的地址，但不能存放变量 a 的地址。如果定义指针变量 p 时指定的数据类型和变量 b 的数据类型相同，则称指针变量 p 和变量 b 的基类型相同。

（2）变量的地址按如下形式表示。

& 变量名

其中，"&"是取地址运算符。在编写程序时，无须知道变量的具体地址值，而直接用取地址运算符表示即可。

（3）执行语句"p=&x;"后，指针变量 p 中存放了变量 x 的地址，称 p 指向了 x。可用图 5.2 形象地表示 p 和 x 的关系。

（4）当指针变量 p 指向变量 x 时，增加了一种访问 x 的方法。例如，给 x 赋 100 的操作除了可以直接使用以前所采用的语句"x=100;"外，还可以间接使用"*p=100;"，给 x 增加 50 的操作除了可以使用语句"x=x+50;"外，还可以间接使用"*p=*p+50;"。前一种访问 x 的方法是直接访问，后一种访问 x 的方法是间接访问。通过语句"*p=100;"和"*p=*p+50;"访问 x 后，x 中值的变化情况如图 5.3 和图 5.4 所示。前面没有类型名而独立出现的"*"是间接运算符。在语句"*p=*p+50;"中，左侧的 *p 代表存储单元 x，右侧的 *p 代表存储单元 x 中的内容。

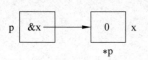
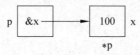
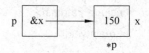

图 5.2 p 指向 x 的情况   图 5.3 执行 "*p=100;" 后   图 5.4 执行 "*p=*p+50;" 后

（5）指针是 C 语言的特色之一。由于指针的概念较抽象，又灵活，使用时容易出现错误，所以要多加小心。实际上有一个简单的记忆方法，那就是当指针 p 指向变量 x 时，将 *p 当作 x 的别名，这样需要用 x 的位置都可以使用 *p 代替。

不管用什么语言编写程序，运行程序过程中所需的数据和代码都会留在计算机的内存中，通过指针就能找到所需的变量单元，实现对内存地址的直接操纵，从而提高程序的编译效率和执行速度，使程序更加简洁；利用指针直接操纵内存，进行系统底层程序代码的编写，更加便利地控制计算机硬件，从而深入探索计算机工作的奥秘。

（6）定义指针变量后，该变量中的值是不确定的，也就是该指针指向某一个不确定的存储单元，这时若用 *p 访问，会破坏该存储单元的内容，这是一个很危险的操作，应避免发生，为此定义指针时给指针变量赋 NULL（叫作空值），例如，"int *p=NULL;"，这时如果再使用 *p，将会报错。

（7）指针变量和普通变量可以同时定义，也可以同时初始化，例如，"int x=0; int *p;" 与 "int x=0,*p;" 等价，"int x=0; int *p; p=&x;" 与 "int x=0,*p=&x;" 等价。

【讨论题 5.1】 假设有初始化 "int a=0,*p=&a,*q=NULL;"，为了使指针变量 q 指向变量 a，应使用什么语句？请写出两种形式。

5.3 通过指针访问数组

在 C 语言中，经常使用指针变量处理数组。

5.3.1 通过指针计算总分

【实例 5.2】 假设运动会包括 10 个项目，编写程序，输入某班各项目的得分，计算该班的总分。

1．编程思路

定义包含 10 个元素的数组，每个元素用于存放各项目的得分。可以使用以前所学的方法完成，但为了提高效率，在此使用指针变量实现。

2．程序代码

```
#include <stdio.h>
int main(void)
{   int a[10]={0},*p=NULL,sum=0;

    printf("Input scores:");
    for(p=a; p<a+10; p++)
        scanf("%d",p);

    for(p=a; p<a+10; p++)
```

```
    {       printf("%4d",*p);
            sum=sum+*p;
    }

    printf("\nsum=%d\n",sum);
    return 0;
}
```

3．运行结果

```
Input scores:6 12 0 18 12 24 6 0 3 18
     6   12    0   18   12   24    6    0    3   18
sum=99
```

4．归纳分析

（1）数组名不仅仅是所有元素的公共名字，它还代表数组的首地址，即数组第 1 个元素的地址，所以 p=a 相当于 p=&a[0]，如图 5.5 所示。

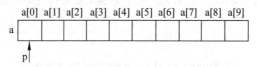

图 5.5　指针 p 指向数组 a 的情况

（2）当指针指向数组时，可以对指针进行加（或减）整数的操作。如执行 p=p+1 后，p 指向下一个元素（即指向 a[1]），如图 5.6 所示；执行 p=p+2 后，p 指向 a[2]，如图 5.7 所示。当指针从一个指向变化到另一个指向时我们习惯上就说指针移动了。

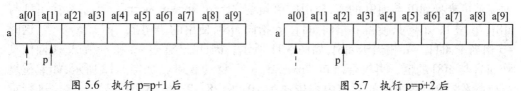

图 5.6　执行 p=p+1 后　　　　　　　　图 5.7　执行 p=p+2 后

不难看出，在 p=p+1 中的 1 代表 p 移动的存储单元个数。C 语言规定，数组名 a 代表数组的首地址（即 a[0] 的地址），a+1，a+2，…，a+9 分别代表 a[1]，a[2]，…，a[9] 的地址。

> 💡**注意**：对于指针进行移动操作时，一定要保证移动后的指针不超出数组元素的范围。例如，当指针 p 指向 a[0] 时，可以执行 p=p+9（移动后指向最后一个元素），但不能执行 p=p+10（超出范围），同样，当指针 p 指向 a[9] 时，可以执行 p=p-9（移动后指向第 1 个元素），但不能执行 p=p-10（超出范围）。

（3）对于指向同一个数组的指针变量可以进行比较操作和相减操作。假设指针变量 p 和 q 都指向数组 a 的某元素（见图 5.8），则可以对 p 和 q 进行比较操作与相减操作。在此判断 q<p 的结果为"假"，q-p 的计算结果为 3。本程序中判断表达式 p<a+10 也可以写成 p-a<10。

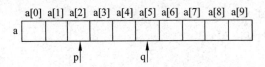

图 5.8　指针 p、q 的指向情况

　　假设 a[0] 的地址为 2000，则 a[1]，a[2]，…，a[9] 的地址分别是 2004，2008，…，2036，因为每个元素是 int 型，占 4 个字节（即占 4 个编号）。

　　（4）用 scanf( ) 函数为数组元素输入值时，输入项要求地址值，所以以前采用"scanf("%d",&num[i]);"形式（参见实例 4.4），但本程序中指针变量已指向数组元素，所以采用了"scanf("%d",p);"形式。通过指针的移动方式逐个访问数组元素能够提高执行效率。

　　（5）当 p 指向 a[0] 时，*p 代表 a[0]，当 p 指向 a[1] 时，*p 代表 a[1]；…；当 p 指向 a[9] 时，*p 代表 a[9]，所以通过后一个循环的形式访问了数组中所有元素。

5.3.2　通过指针将数据逆置

　　【实例 5.3】　假设数组 a 中已存放 10 个数据，编写程序，将这些数据按逆序重新存放在数组 a 中。

1．编程思路

　　初始化含有 10 个元素的数组 a，其存放情况如图 5.9 所示。要将数组按逆序重新存放，可采用交换数组元素的方法，即 a[0] 与 a[9] 交换、a[1] 与 a[8] 交换、a[2] 与 a[7] 交换、…、a[4] 与 a[5] 交换。

　　为了同时访问数组的两个元素，定义两个指针变量 p、q，并使 p 指向 a[0]、使 q 指向 a[9]，这时 *p 相当于 a[0]，*q 相当于 a[9]，如图 5.10 所示。因此，只要交换 *p 和 *q 的值就可交换 a[0] 与 a[9] 的值，使用的语句是"t=*p; *p=*q; *q=t;"。为了交换 a[1] 与 a[8]，p 增 1，q 减 1，使得 p 指向 a[1]，q 指向 a[8]，使用的语句是"p++; q-- ;"，这时 *p 相当于 a[1]，*q 相当于 a[8]，如图 5.11 所示。因此，还通过 *p 和 *q 的交换操作交换 a[1] 与 a[8] 的值。再执行语句"p++; q-- ;"移动 p 和 q，如图 5.12 所示，如此重复以上操作，最后数组中的存储内容依次为 10，9，8，7，6，5，4，3，2，1。进行重复操作时一定要考虑的问题是何时结束重复。本实例最初是 p 和 q 分别指向 a[0] 和 a[9]，这时 p<q，当重复进行 p 增 1、q 减 1 的操作时，p 逐渐变大，q 逐渐变小。在交换 a[4] 和 a[5] 后，再进行 p 增 1、q 减 1，这时 p、q 不再满足 p<q 时，由此可见，停止重

图 5.9　数组 a 的初始状态

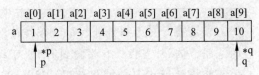

图 5.10　p、q 的初始指向情况

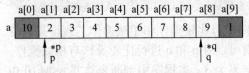

图 5.11　p、q 移动后的指向情况

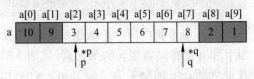

图 5.12　p、q 的新指向

复操作的条件是 p、q 不满足 p<q。

2．程序代码

```
#include <stdio.h>
int main(void)
{   int a[10]={1,2,3,4,5,6,7,8,9,10},t=0,*p=NULL,*q=NULL;

    printf("Original:\n");
    for(p=a; p<a+10; p++)
        printf("%4d",*p);
    printf("\n");

    p=a;                    // 使 p 指向 a[0]
    q=p+9;                  // 使 q 指向 a[9]
    while(p<q)
    {   t=*p;  *p=*q;  *q=t;
        p++;  q--;
    }

    printf("Final:\n");
    for(p=a; p<a+10; p++)
        printf("%4d",*p);
    printf("\n");
    return 0;
}
```

3．运行结果

```
Original:
   1   2   3   4   5   6   7   8   9  10
Final:
  10   9   8   7   6   5   4   3   2   1
```

4．归纳分析

（1）使用指针变量处理问题时,经常将指针变量的比较结果作为循环的判断条件,如本实例使用 while 语句控制循环时,循环进行的条件用"p<q"。

（2）如果将程序改成如下形式：

```
#include <stdio.h>
int main(void)
{   int a[10]={1,2,3,4,5,6,7,8,9,10},*p=NULL;

    printf("Original:\n");
    for(p=a; p<a+10; p++)
```

```
        printf("%4d",*p);
    printf("\n");

    printf("Final:\n");
    for(p=a+9; p>=a; p--)
        printf("%4d",*p);
    printf("\n");
    return 0;
}
```

从表面上看输出结果与本实例相同,但两个程序的功能完全不同。实例 5.3 是按逆序存放后输出,数组中的元素值发生了变化,而此处的程序只是从最后一个元素开始逐个输出其值（叫作逆序输出）,数组中的元素值并没有发生变化。

5.3.3　通过指针找出最大值

【实例 5.4】　改写实例 4.4,通过指针变量输入 100 名学生的学号和学年总平均成绩,并找出其中成绩最高的学生。

1．编程思路

定义两个指针变量 p 和 q,分别指向两个数组 num 和 score。找出最大值的思路基本上与实例 4.4 相同。用指针变量 w 指向最大元素。

2．程序代码

```
#include <stdio.h>
#define N 5                                    // 为了方便运行,以 5 名学生为例
int main(void)
{   int num[N]={0},*p=NULL;
    float score[N]={0.0},*q=NULL,*w=NULL;

    printf("Input numbers and scores:\n");
    for(p=num,q=score; p<num+N; p++,q++)
        scanf("%d%f",p,q);

    for(p=num; p<num+N; p++)                    // 输出 N 名学生的学号
        printf("%8d",*p);
    printf("\n");

    for(q=score; q<score+N; q++)                // 输出 N 名学生的学年总平均成绩
        printf("%8.2f",*q);
    printf("\n");

    w=score;
    for(q=score+1; q<score+N; q++)
```

```
        if(*w<*q)  w=q;                    // w 指向最大元素

        printf("number=%d,score=%.2f\n",num[w−score],score[w−score]);
        return 0;
    }
```

3．运行结果

```
Input numbers and scores:
1001 68.21
1003 75.25
1004 80.35
1006 85.67
1007 78.73
    1001    1003    1004    1006    1007
   68.21   75.25   80.35   85.67   78.73
number=1006,score=85.67
```

4．归纳分析

（1）在第 1 个 for 语句中，第 1 个表达式"p=num,q=score"和第 3 个表达式"p++,q++"都是逗号表达式，逗号表达式的一般形式是：

表达式 1, 表达式 2, 表达式 3, …, 表达式 n

逗号表达式的处理过程是：先处理表达式 1，再依次处理表达式 2，表达式 3，…，表达式 n，最后以表达式 n 的计算结果作为逗号表达式的值。

（2）求最大值时首先假设第 1 个元素最大，用指针变量 w 指向第 1 个元素，然后用 *w 的值与后面元素逐个比较，在比较的过程中只要找到更大的元素，w 就重新指向新元素。求最大值的算法如图 5.13 所示。

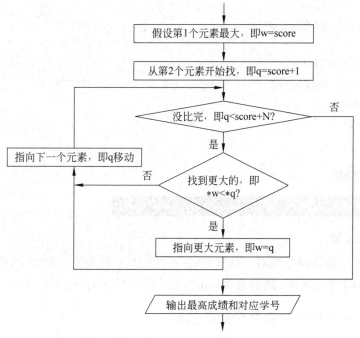

图 5.13　通过指针求最大值的流程图

（3）如果本实例只要求输出最大成绩，就可以直接输出 *w，但实际上要输出最大成绩和对应学号，因此需要求最大元素所在的下标值。

本实例 score[3] 为最大，所以最后 w 应指向 score[3]，如图 5.14 所示。这时 w-score 的值为 3，正好是 score[3] 的下标值，因此最后输出 num[w-score] 和 score[w-score]。

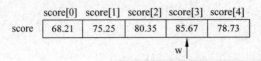

	score[0]	score[1]	score[2]	score[3]	score[4]
score	68.21	75.25	80.35	85.67	78.73

图 5.14　w 指向最大元素

【讨论题 5.2】　假设本实例中 score[0] 的地址为 2000，则 score[4] 的地址是多少？

5.3.4　通过指针排序数据

【实例 5.5】　改写实例 4.6，通过指针将 8 名候选人的投票数由多到少排序。

1．编程思路

编程思路同实例 4.6。

2．程序代码

```c
#include <stdio.h>
int main(void)
{   int a[8]={34,56,45,57,69,48,79,61},*p=a,i=0,j=0,k=0,t=0;

    for(i=0; i<7; i++)
    {   k=i;
        for(j=i+1; j<8; j++)
            if(p[k]<p[j])  k=j;         // p[k] 表示 a[k]
        t=p[i];  p[i]=p[k];  p[k]=t;
    }
    for(i=0; i<8; i++)
        printf("%5d",*(p+i));           // *(p+i) 表示 a[i]
    printf("\n");
    return 0;
}
```

3．运行结果

```
 79   69   61   57   56   48   45   34
```

4．归纳分析

通过指针变量访问数组时，也可以采用不移动指针的方法。例如，当指针变量 p 指向数组 a 的第 1 个元素时，数组元素 a[i] 的表示形式有 p[i]、*(p+i)、*(a+i) 等。

5.3.5　通过指针计算两个矩阵的和

【实例 5.6】　改写实例 4.7，使用指针变量计算两个 3×4 矩阵的和。

1. 编程思路

定义三个指针变量 p、q、w,使它们分别指向三个数组 a、b、c,通过指针变量对两个矩阵的所有对应元素求和。本实例的指针变量需要指向二维数组,这时指针变量的定义形式与指向一维数组时的情况不同,指向二维数组需要定义行指针。

2. 程序代码

```c
#include <stdio.h>
int main(void)
{    int a[3][4]={{3,8,12,15},{2,6,15,13},{5,7,10,16}};
     int b[3][4]={{6,10,17,15},{5,12,19,20},{7,16,21,16}};
     int c[3][4]={0},i=0,j=0;
     int (*p)[4]=NULL,(*q)[4]=NULL,(*w)[4]=NULL;          // 定义 3 个行指针

     printf("Array a:\n");
     p=a;
     for(i=0; i<3; i++)
     {    for(j=0; j<4; j++)
              printf("%4d",p[i][j]);
          printf("\n");
     }

     printf("Array b:\n");
     q=b;
     for(i=0; i<3; i++)
     {    for(j=0; j<4; j++)
              printf("%4d",q[i][j]);
          printf("\n");
     }

     w=c;
     for(i=0; i<3; i++)
         for(j=0; j<4; j++)
              w[i][j]=p[i][j]+q[i][j];

     printf("Array c:\n");
     for(i=0; i<3; i++)
     {    for(j=0; j<4; j++)
              printf("%4d",w[i][j]);
          printf("\n");
     }
}
```

```
    return 0;
}
```

3. 运行结果

4. 归纳分析

（1）能够指向二维数组的指针叫作行指针,定义行指针的一般形式如下：

类型名（* 指针变量名)[数组列数];

例如，"int (*p)[4];",这时行指针 p 只能指向元素的数据类型为 int 型、包括 4 列的二维数组。二维数组名也代表该数组首地址,因此可用语句"p=a;"使行指针 p 指向 a（即指向第 1 行）。行指针 p 的指向情况如图 5.15 所示。如果执行语句"p=p+1;",则 p 将指向第 2 行。

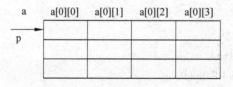

图 5.15　行指针 p 的指向情况

（2）行指针的操作比普通的指针复杂得多,本书不作为基本要求,因此通过行指针访问数组元素时,只采用下标的形式。和一维数组类似,当行指针 p 指向二维数组 a 的首地址时,数组元素 a[i][j] 可用 p[i][j] 表示。

5.4　通过指针访问字符串

指针的另一个较大应用领域就是处理字符串。本节将介绍通过指针变量处理字符串的一些方法。

5.4.1　通过指针判断回文

【实例 5.7】　编写程序,输入一个字符串并判断该字符串是不是回文。回文是指顺序读和倒序读完全一样的字符串。例如,字符串"eye"是回文。

1. 编程思路

定义两个指针变量 p、q，使 p 指向字符串中的第 1 个字符，使 q 指向字符串的最后一个字符，然后比较这两个字符，如果字符相等，使 p 指向下一个字符，使 q 指向前一个字符，再比较，重复以上操作，直至 p≥q 为止。在比较的过程中如果某两个字符不相等，应立即停止比较。

2. 程序代码

```c
#include <stdio.h>
int main(void)
{    char a[80]={'\0'},*p=a,*q=a;

    printf("Input a string:\n");
    gets(p);                    // 输入一个字符串

    while(*q!='\0')             // 使 q 指向最后一个字符
        q++;
    q--;                        // 此语句不能少

    while(p<q)                  // 判断是不是回文
        if(*p!=*q)              // 只要找到一个不相等的字符,就断定不是回文
            break;
        else
        {    p++;
            q--;
        }

    if(p<q)                     // 如果 p<q,说明提前退出循环,所以不是回文
        printf("\"%s\" is not a palindromic string.\n",a);
    else
        printf("\"%s\" is a palindromic string.\n",a);
    return 0;
}
```

3. 运行结果

```
Input a string:
abcdedcba
"abcdedcba" is a palindromic string.
```

4. 归纳分析

（1）C 语言没有提供字符串类型数据,因此使用字符数组存放字符串。

（2）输入字符串可使用 scanf( ) 和 gets( ) 库函数。例如，从键盘输入一个字符串存放在数组 a 中的操作可使用 scanf("%s",a) 或 gets(a)。

输入字符串时 scanf( ) 函数的一般形式如下：

scanf("%s", 数组首地址)

数组首地址可通过数组名或指向该数组的指针变量给出。

> 💡**注意**：用 scanf( ) 函数输入字符串时，将空格、Tab 键或回车键均作为输入结束，因此，若对语句 "scanf("%s",a);" 输入 very good< 回车 >，则数组 a 只能得到 very。

gets( ) 函数的一般形式如下：

gets(数组首地址)

数组首地址也可通过数组名或指向该数组的指针变量给出。

用 gets( ) 函数输入字符串时，只将 Enter 键作为输入结束，因此若对语句 "gets(a);" 输入 very good< 回车 >，则数组 a 会得到 very good。

> 💡**注意**：不管使用哪个函数输入字符串，字符串中的字符个数均受数组的限制。对于本程序中的数组 a，最多只能输入 79 个字符，因为还要留一个存放字符串结束符 "\0" 的位置。

输出字符串可使用 printf( ) 和 puts( ) 库函数。例如，输出数组 a 中的字符串，可使用 printf("%s\n",a) 或 puts(a)，这两种形式完全等价。

输出字符串时 printf( ) 函数的一般形式如下：

printf("%s", 字符串首地址)

输出字符串时 puts( ) 函数的一般形式如下：

puts(字符串首地址)

字符串首地址可以通过存放该字符串的数组名、指向该字符串的指针变量给出，还可以直接写字符串，如 puts("very good")，因为字符串本身就代表该字符串的首地址。

（3）处理字符串时经常需要找最后一个有效字符。本程序采用不断地使指针 q 移动，直到 q 指向最后一个有效字符为止。最初指针的指向如图 5.16 所示。

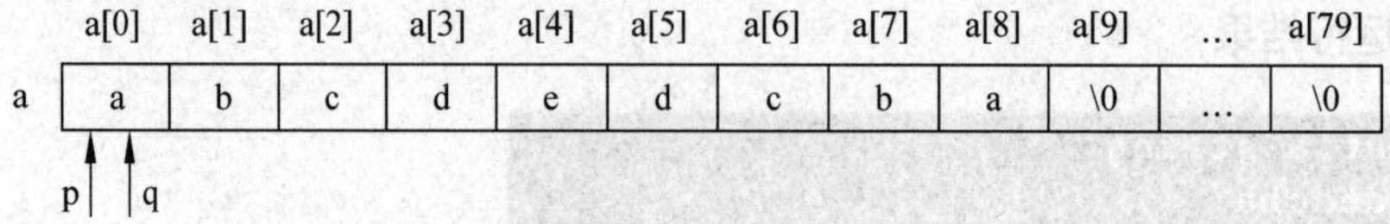

	a[0]	a[1]	a[2]	a[3]	a[4]	a[5]	a[6]	a[7]	a[8]	a[9]	...	a[79]
a	a	b	c	d	e	d	c	b	a	\0	...	\0

p q

图 5.16　最初指针的指向

执行 "while(*q!='\0') q++;" 后，q 指向 a[9]，如图 5.17 所示。由于 a[9] 前面的字符（即 a[8]）才是最后一个有效字符，所以再执行语句 "q-- ;" 后，才能使 q 指向最后一个有效字符。

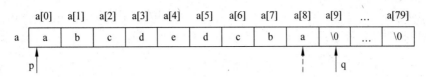

图 5.17 执行循环语句后指针的指向

C 语言提供求字符串长度的函数 strlen( )，所谓字符串长度是指该字符串中有效字符的个数。如 strlen(p) 的值为 9。利用此函数，执行语句"q=p+strlen(p)－1;"可以方便地使 q 指向最后一个有效字符。

strlen( ) 函数的一般形式如下：

strlen(字符串首地址)

对于本程序，当 p 指向 a 数组第一个元素时，strlen(a)、strlen(p) 和 strlen("abcdedcba") 的值都是 9。

使用 strlen( ) 函数时，要在程序的开头加命令行 #include <string.h>。

【讨论题 5.3】 通过指针如何按逆序输出指定字符串？

5.4.2 在三个字符串中找出最大的字符串

【实例 5.8】 编写程序，输入三个国家的国名拼音，输出字符串最大的国名拼音。

1. 编程思路

比较两个字符串的方法是，对两个字符串，从左起先找出第 1 个对应字符不相等的字符，然后按 ASCII 码值比较该两个字符的大小。例如，字符串"bottle"和"box"中第 1 个不相等的对应字符是"t"和"x"，而它们的 ASCII 码值分别是 116 和 120，所以字符串 "bottle"比"box"小。比较字符串使用的是 strcmp( ) 库函数。

2. 程序代码

```
#include <stdio.h>
#include <string.h>
int main(void)
{    char a[80]={'\0'},b[80]={'\0'},c[80]={'\0'},*p=a,*q=b,*w=c,*t=NULL;

     printf(" 输入三个国家的拼音 :\n");
     gets(p);  gets(q);  gets(w);
     printf(" 三个国家的拼音是 :\n");
     puts(p);  puts(q);  puts(w);

     t=p;                    // 先假设第 1 个字符串最大
     if(strcmp(t,q)<0) t=q;  // 如果第 2 个字符串更大，使 t 指向该字符串
     if(strcmp(t,w)<0) t=w;  // 如果第 3 个字符串更大，使 t 指向该字符串

     printf(" 字符串最大的国名拼音是 :\n");
```

```
    puts(t);                              // 输出最大字符串
    return 0;
}
```

3. 运行结果

4. 归纳分析

strcmp( ) 函数的一般形式如下：

strcmp(第 1 个字符串首地址 , 第 2 个字符串首地址)

字符串首地址可以通过存放该字符串的数组名、指向该字符串的指针变量给出，还可以直接写字符串。

如果函数的结果值为正数，则第 1 个字符串大于第 2 个字符串 ; 如果函数的结果值为负数，则第 1 个字符串小于第 2 个字符串 ; 如果函数的结果值为 0，则两个字符串相等。

> 💡**注意**：比较字符串时，不能使用"第 1 个字符串 < 第 2 个字符串"等形式。例如，本程序不能使用"if(t<q)"来判断哪个字符串大。

使用 strcmp( ) 函数时，在程序的开头加命令行 #include <string.h>。

【讨论题 5.4】 如果要在三个字符串中找最长的字符串，应如何修改本实例程序？

5.4.3 将三个字符串从大到小进行排序

【实例 5.9】 编写程序，将已有的三个国家的国名拼音按字符串从大到小进行排序。

1. 编程思路

首先比较前两个字符串，如果第 2 个字符串比第 1 个字符串大，交换这两个字符串，再用第 1 个字符串与最后一个字符串比较，如果最后一个字符串比第 1 个字符串大，交换这两个字符串，至此保证了第 1 个字符串最大。最后比较后两个字符串，如果最后一个字符串比第 2 个字符串大，交换这两个字符串，这时三个字符串已按从大到小的顺序排序。字符串的复制操作使用 strcpy( ) 库函数。

2. 程序代码

```
#include <stdio.h>
#include <string.h>
int main(void)
```

```
{    char a[80]="YinDu",b[80]="YingGuo",c[80]="YiDaLi",t[80]={'\0'};
     char *p=a,*q=b,*w=c;

     printf(" 最初顺序 :\n");
     puts(p);        puts(q);   puts(w);

     if(strcmp(p,q)<0)
     {    strcpy(t,p);        strcpy(p,q);       strcpy(q,t);  }
     if(strcmp(p,w)<0)
     {    strcpy(t,p);        strcpy(p,w);       strcpy(w,t);  }
     if(strcmp(q,w)<0)
     {    strcpy(t,q);        strcpy(q,w);       strcpy(w,t);  }

     printf(" 最后顺序 :\n");
     puts(p);        puts(q);   puts(w);
     return 0;
}
```

3. 运行结果

4. 归纳分析

字符串的复制操作不能使用赋值语句实现,而使用字符串的复制函数 strcpy( )。strcpy( ) 函数的一般形式如下：

strcpy(数组首地址 , 字符串首地址)

数组首地址可通过数组名或指向该数组的指针变量给定,而字符串首地址可以通过存放该字符串的数组名、指向该字符串的指针变量给出,还可以直接写字符串。

> 💡 注意 : 一定要保证数组足够大,以容纳字符串中的所有字符（包括"\0"）。对于字符串,不能用 a=p 的方式进行字符串的赋值操作。

使用 strcpy( ) 函数时,在程序的开头加命令行 #include <string.h>。

5.4.4　连接两个字符串

【实例 5.10】　编写程序,输入两个字符串,并将它们按长的字符串在前、短的字符串在后的原则连接起来。

1．编程思路

用 strlen( ) 函数计算两个字符串的长度，并根据其比较结果连接字符串。连接字符串的操作使用 strcat( ) 库函数。

2．程序代码

```
#include <stdio.h>
#include <string.h>
int main(void)
{    char a[80]={'\0'},b[80]={'\0'},*p=a,*q=b;

     printf(" 请输入两个字符串 :\n");
     gets(p);     gets(q);
     printf(" 两个字符串是 :\n");
     puts(p);     puts(q);

     if(strlen(p)>strlen(q))
     {    strcat(p,q);
          printf(" 连接后的字符串是 :\n");
          puts(p);
     }
     else
     {    strcat(q,p);
          printf(" 连接后的字符串是 :\n");
          puts(q);
     }
     return 0;
}
```

3．运行结果

```
请输入两个字符串:
Hello!
How are you?
两个字符串是:
Hello!
How are you?
连接后的字符串是:
How are you?Hello!
```

4．归纳分析

库函数 strcat( ) 的一般形式如下 ：

strcat(数组首地址 , 字符串首地址)

数组首地址可通过数组名或指向该数组的指针变量给定,而字符串首地址可以通过存放该字符串的数组名、指向该字符串的指针变量给出,还可以直接写字符串。

> 💡 **注意**:一定要保证数组足够大,以容纳连接后新字符串中的所有字符(包括最后一个有效字符后面存放的"\0")。

使用 strcat( ) 函数时,在程序的开头加命令行 #include <string.h>。

【讨论题5.5】　计算连接两个字符串后的新字符串长度,用一个表达式如何表示?

5.5　本 章 总 结

1. 指针变量的概念

C 语言中,用于存放其他变量地址的变量叫作指针变量。指针变量的一般定义形式如下。

类型名 * 指针变量名;

2. 指针变量与普通变量

变量地址用"& 变量名"形式表示,其中"&"是取地址运算符。若有定义"int x=0; int *p;",则执行语句"p=&x;"后,指针变量 p 中存放了变量 x 的地址,这时称指针变量 p 指向变量 x。当指针变量 p 指向 x 时,*p 相当于 x 的别名,此处的"*"为间接运算符。

3. 指针变量与字符串

字符串中的字符依次存放在字符数组元素中。若有初始化 char *p="abcdefg";,则指针变量 p 中存放第一个字符"a"所在的存储单元地址。注意,初始化中的 "abcdefg" 不代表字符串 "abcdefg" 本身,而代表存放字符串 "abcdefg" 的数组首地址。系统在字符串尾自动添加字符串结束符"\0",因此引用字符串时,经常以"\0"判断字符串是否访问完。

C 语言提供了丰富的字符串处理函数,字符串处理函数包含在"string.h"头文件中。

4. 指针变量与数组

因为数组元素的存储单元是连续的,所以可利用指针移动的方法实现对数组各元素的访问。若有初始化"int a[5]={1,2,3,4,5},*p=a;",则指针变量 p 便指向了数组 a 的首元素,此后,可利用语句"p++;"(直到 p<a+5 为止),使指针从数组的首元素逐步移动到尾元素,达到依次访问数组各元素的目的。同理,也可以实现反向访问数组各元素的功能。注意,指针不可移动到数组范围之外。当指针变量指向数组首元素时,也可用下标形式方便表示各数组元素,例如,若有 "int a[5]={1,2,3,4,5},*p=a,b[2][3]={1,2,3,4,5,6}, (*q)[3]=b;",则用 p[2] 表示元素 a[2],用 q[1][2] 表示元素 b[1][2]。

思 考 题

1. 若有初始化"int x=0,*p=x; float y=0,*q=y;"，则语句"p=q;"和"q=p;"是否合法？为什么？

2. 若有初始化"int a[5]={10,20,30,40,50},*p=NULL;"，则执行语句"p=a+2; printf("*p=%d\n",*p);"后输出的数值是多少？能执行"p=a+5;"语句吗？为什么？

3. 若有初始化"int i=0; char c[20]= "ABCDEFG",*p=c;"，则执行语句"for(i=0; i<20; i++,p++) printf("*p=%c",*p);"可以依次输出 c 数组各元素的值，请问 i 的值分别等于 5,8,10 时 *p 的输出结果是什么？使用什么方法可以限定只能访问数组中存放字符串的存储单元？

4. 若有初始化"char a[10]="ABCD",b[10]="xyz",*p=NULL;"，能否通过执行语句"p=a; a=b; b=p;"达到交换两个字符串的目的？

5. 若有初始化"char s[]="Happy!",*p=s;"，则执行语句"p++;"后，"*p"中的值是什么？能否执行"s++;"语句得到上面的值？为什么？

上 机 练 习

1. 某商场 12 个月的销售额如表 5.1 所示。编写程序，计算月平均销售额。要求用一维数组记录销售额，用指针访问数组元素。

表 5.1 某商场 12 个月的销售额　　　　单位：万元

月份	1 月	2 月	3 月	4 月	5 月	6 月	7 月	8 月	9 月	10 月	11 月	12 月
销售额	390	370	280	256	360	370	278	299	325	390	350	388

2. 某气象站测得某天 0：00—23：00 整点温度如表 5.2 所示。编写程序，输出当天最高气温和最低气温。要求用一维数组记录温度值，用两个指针分别记录最高气温和最低气温。

表 5.2 某天 0：00—23：00 时整点温度　　　　单位：℃

时间	0:00	1:00	2:00	3:00	4:00	5:00	6:00	7:00	8:00	9:00	10:00	11:00
温度	10.5	10	10.3	11	11.8	12.5	12.8	13	13.5	14	15	16
时间	12:00	13:00	14:00	15:00	16:00	17:00	18:00	19:00	20:00	21:00	22:00	23:00
温度	18	19	19.5	19.2	18.5	18	17.2	15	14	13	12	11

3. 部分国家家庭上网比例如表 5.3 所示。编写程序，依次读入各国家名称和其上网比例数，并由小到大进行排列后输出（提示：用两个一维数组分别存放国家名称和上网比例数，参考实例 5.5 的算法。注意，国家名称和上网比例数要一起换位）。

表 5.3 部分国家家庭上网比例　　　　单位：%

国家	日本	英国	法国	新加坡	韩国	墨西哥	美国
上网比例	58.30	42.40	33.30	52.60	40.10	25.50	60.50

4. 小张与同学说,他可以倒背金属元素活动性顺序表。编写程序,将"钾、钙、钠、镁、铝、锌、铁、锡、铅、氢、铜、汞、银、铂、金"逆置于原数组中输出,以便检查小张倒背情况(提示:参照实例5.3的算法)。

5. 编写程序,将输入的英文字符串中各单词首字母改为大写字母,其余为小写字母,然后输出改写后的字符串(提示:用一维数组记录英文字符串,先将整串字符都改为小写,之后用两个指针依次从左至右访问数组元素,若左侧指针指向的数组元素为空格,而其右侧相邻的指针指向的数组元素为首字母,则将其改为大写字母)。

6. 编写单词接龙程序。规则为:运行程序时,显示已接龙的单词(存放于一维数组a中),当用户输入新单词后(存放于一维数组b中),程序判断新单词的首字符是否等于前一单词的尾字符,若相等,则在已接龙的单词串后加入新单词,存放于a中,再接受用户输入的下一个单词;若不相等,则显示提示:"Sorry, you fail."后结束程序运行。

7. 为小学生出6道测试题,其题目和标准答案如表5.4所示。编写程序,依题号显示各题后,读入用户答案,比较其内容,若一致,输出"You are right!",若不一致,输出"You are wrong!",并输出正确答案(提示:将题目存入二维字符数组a,正确答案存入一维数组b,用户答案读入变量c)。

表5.4 6道测试题题目和标准答案

题 号	题 目	标准答案
1	10+20=	30
2	10−5=	5
3	40÷5=	8
4	3×6−5=	13
5	80−5×12=	20
6	9×2+7=	25

8. 某单元各用户用电交费表如表5.5所示,每度电的单价为:0.488元。编写程序,计算每户应交费用(提示:用二维数组a[4][8]存放数据,用行指针访问相应单元格,计算出各用户应交费用)。

表5.5 某单元各用户用电交费表

单元号	101	102	201	202	301	302	401	402
上月表数/度	53	64	45	78	57	48	72	66
本月表数/度	82	78	66	98	88	75	100	97
应交费用/元								

9. 某商场2019年、2020年各部门各季度销售额如表5.6和表5.7所示。编写程序,将表5.6中的数据记录于二维数组a中,将表5.7中的数据记录于二维数组b中,将2020年与2019年同期比较差额记录于二维数组c中,并输出。

10. 编写程序,将某汽车里程表在1000~5000千米出现的回文里程数记录于一维数组s中,并输出所出现的全部回文里程数(提示:在要求的区间利用循环逐一判断数的个位和千位、十位和百位是否分别相等,若相等,将此数存入数组s中。利用指针依次访问并输出各数组元素)。

表 5.6　2019 年各季度销售额　　　　　　　　　单位：万元

部　门	1 季度	2 季度	3 季度	4 季度
百货部	567	471	544	591
家电部	1024	988	876	924
服装部	798	813	756	849

表 5.7　2020 年各季度销售额　　　　　　　　　单位：万元

部　门	1 季度	2 季度	3 季度	4 季度
百货部	612	512	509	623
家电部	1100	1089	987	881
服装部	822	780	872	911

自 测 题

1. 以下程序运行后的输出结果是＿＿＿＿＿＿。

```c
#include <stdio.h>
int main(void)
{   int x[10]={0,1,2,3,4,5,6,7,8,9},s=0,i,*p;

    p=x;
    for(i=1;i<10;i=i+2)
        s=s+*(p+i);
    printf("%d",s);
    return 0;

}
```

2. 根据注释补充下面的代码。

```c
#include <stdio.h>
int main(void)
{   int x[5]={1,2,3,4,5},i=0;
    ＿＿＿＿＿＿＿＿        // 定义指针变量 p
    ＿＿＿＿＿＿＿＿        // 使 p 指向数组 x
    for(i=0; i<5; i++)
        ＿＿＿＿＿＿＿＿    // 通过指针 p 给数组每一元素乘以 2
    for(p=x; p<x+5; p++)
        ＿＿＿＿＿＿＿＿    // 通过指针 p 输出数组所有元素值
    return 0;

}
```

3. 以下程序的功能是,将输入的字符串连接到已有的字符串后面,然后计算连接后得到的字符串的长度并输出。请填空。

```
#include <stdio.h>
#include < 【1】 >
int main(void)
{   char a[15]="good",b[10]="",*p=a,*q;
    int len=0;

    ___【2】___;
    gets(q);
    strcat(___【3】___);
    len=___【4】___;
    printf("%d\n",len);
    return 0;
}
```

4. 编写程序,从数组 a 中删除下标为 x 的元素值,其中 x 的值从键盘输入,数组 a 的元素值分别为 10、2、3、17、5、6、71、8、9、1。要求:必须用指针完成。

自测题参考答案

1. 25
2.
```
int *p=NULL;
p=x;
*(p+i)=*(p+i)*2;
printf("%d ",*p);
```
3.
【1】string.h
【2】q=b
【3】p,q
【4】strlen(p)
4.
```
#include <stdio.h>
int main(void)
{   int i=0,x=0,*p=NULL;
    int a[10]={10,2,3,17,5,6,71,8,9,1};

    p=a;
```

```
        printf("input x:");
        scanf("%d",&x);
        for(i=x;i<9;i++)
            p[i]=p[i+1];
        for(i=0;i<9;i++)
            printf("%4d",p[i]);
        printf("\n");
        return 0;
    }
```

第6章 函 数

学习目标

1. 了解程序设计的模块化思想。
2. 掌握函数的定义方法。
3. 掌握函数的调用方法。
4. 掌握结合用 F10 键和 F11 键单步执行的方法。
5. 掌握实参与形参的关系。
6. 掌握用数组名做参数的方法。
7. 了解内部变量和外部变量的概念。
8. 了解动态变量与静态变量的概念。

在日常生活中解决实际问题时,经常把一个大任务分解为多个较小任务后,多人分工协作完成。用 C 语言编写程序时也采用类似的方法,即把一个较大的应用程序分解为多个程序模块(称为函数),然后逐步编写每一个程序模块,一般也是多人分工协作完成。尤其是大型软件项目通常结构功能复杂、项目开发规模和工作量大,无法只靠一个程序员单枪匹马完成,往往需要团队进行有效的分工合作。软件项目通常采用层次化结构开发和模块化开发,通过"自顶向下逐步求精"的方法完成设计与开发。在模块化程序设计中,团队中的各个成员可以负责其中的某一个或几个模块,最后将各成员负责的模块进行整合调试,既发挥个体在团队中的能动性,又能体现团队整体的合力与优势。

在第 1 章至第 5 章中,为了重点介绍 C 语言的基本知识,简化了每个程序的功能,所以都在主函数中实现,即程序仅包含一个主函数。但在实际开发中,由于程序的规模较大,程序一般包含很多其他函数,以便多人分工合作。每个函数允许反复使用,减少重复劳动,提高程序的编写效率。如果把所有功能都写在一个主函数中,则各功能间层次不清,因此不便于阅读程序。

C 语言中函数包括 3 类,即主函数、库函数和自己编写的函数,其中主函数是必有的,而且只能有一个,其名称是 main,所有的 C 程序都从主函数开始执行。库函数是系统提供的,可以直接使用,但在程序的开头应使用 #include 命令包含相应的头文件。这些库函数必须通过主函数或其他函数调用。

编写较大程序的过程实际上是编写较多自编函数的过程,那么函数应该如何编写、自己编写的函数又该如何调用呢? 这是本章主要解决的问题。从本章开始,要求程序的所有功能都通过调用函数实现。

6.1　了解 C 语言程序的执行过程

【实例 6.1】　阅读实例 1.1 中程序，了解 C 语言程序的执行过程。

```
// 下面 3 行是预处理命令部分
#include <stdio.h>
#include <math.h>
#define PI 3.14159

// 下面 2 行是函数的原型说明部分
double sup_area(double r);
double volume(double r);

// 下面是主函数部分
int main(void)
{   double a=-5,b,c,d;

    b=fabs(a);
    c=sup_area(b);
    d=volume(b);
    printf("c=%lf,d=%lf\n",c,d);
    return 0;
}

// 下面是 sup_area() 函数的定义部分，函数功能是计算球的表面积
double sup_area(double r)
{   double s;

    s=4*PI*r*r;
    return s;
}

// 下面是 volume() 函数的定义部分，函数功能是计算球的体积
double volume (double r)
{   double v;

    v=4.0/3.0*PI*r*r*r;
    return v;
}
```

1. 执行过程

程序的执行过程如图 6.1 所示：①程序从主函数开始执行；②当执行到语句

"b=fabs(a);"时，从"math.h"文件中找到 fabs( )函数计算 a 的绝对值后返回；③继续往下执行；④当执行到语句"c=sup_area(b);"时，程序的流程转到自己编写的 sup_area 函数中，执行完此函数中所有语句(本实例只有2条)后，回到主函数中调用该函数的位置；⑤还要继续往下执行；⑥执行到语句"d=volume(b);"时，程序的流程转到自己编写的 volume( )函数中，执行完此函数中所有语句（也只有 2 条）后，又回到主函数中调用该函数的位置；⑦再往下执行，直至程序运行结束。

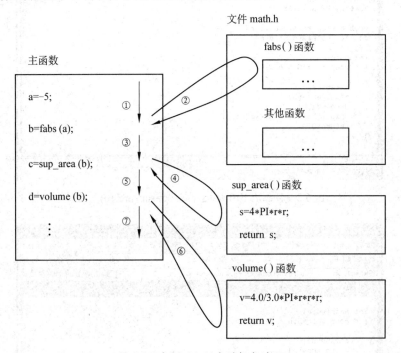

图 6.1　实例 6.1 程序的执行过程

2．运行结果

```
c=314.159000,d=523.598333
```

3．归纳分析

（1）不管一个程序中包含多少个函数、每个函数的定义位置在哪里,程序总是从主函数开始执行,而且在主函数中结束整个程序的运行（强行结束程序运行情况除外）。

（2）调用结束后,程序的流程又回到调用该函数的位置,然后继续执行其下一条语句。

（3）程序的执行过程经常结合用 F10 键和 F11 键单步执行的方法观察。即按 F10 键单步执行的过程中,只要遇到调用函数,就要考虑继续按 F10 键还是按 F11 键,如果需要观察函数内部的执行过程,就按 F11 键,否则按 F10 键。例如,对于实例 6.1 中的程序,先按三次 F10 键（见图 6.2）,当黄色箭头停留在"c=sup_area(b);"语句行时,考虑要不要观察 sup_area( )函数内部的执行过程,如果确定该函数编写正确,则按 F10 键跳过观察 sup_area( )函数内部的执行情况,而直接得到其处理结果,这样可以加快调试速度；否则按 F11 键,准备观察 sup_area( )函数内部的每行执行过程（见图 6.3）,然后按 F10 键继续单步执行,再按三次 F10 键,该函数的调用过程结束,程序的流程回到调用该函数的位置,继续执行其下一条语句。

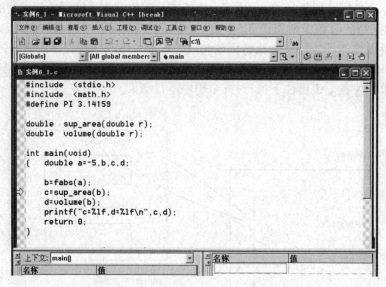

图 6.2　按三次 F10 键执行到"c=sup_area(b);"处

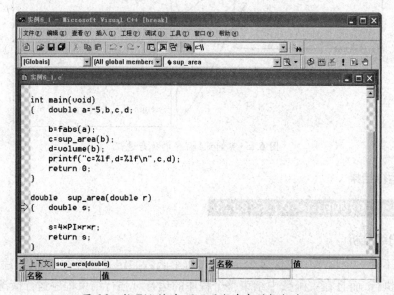

图 6.3　按 F11 键时,显示函数内部的执行过程

若要停止调试,执行"调试"| Stop Debugging 菜单选项。

(4) 程序中如果调用库函数,必须在程序的开头加 #include 命令行包含相应的头文件,但如果需要调用自己编写的函数,那么必须先编写此函数才行。总之,不管是系统提供的函数,还是自己编写的函数,只有当它们存在时才能被调用。

6.2　掌握自定义函数的编写与调用方法

6.2.1　调用自定义函数计算 1 ~ n 的和

【实例 6.2】　编写程序,输入 n 的值,并调用自己编写的函数计算 1 ~ n 的和。

1. 编程思路

要分别编写主函数和计算 1～n 之和的函数。其中主函数需要解决三个问题,即输入 n 的值、调用自编(即自定义)函数计算 1～n 的和、输出计算结果,如图 6.4 所示。计算 1～n 的和的函数需要解决两个问题,即计算 1～n 的和、将计算结果告知主函数,如图 6.5 所示。

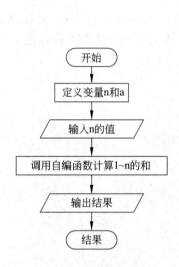

图 6.4 主函数的流程图

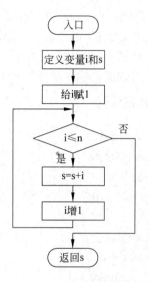

图 6.5 自编函数的流程图

编写主函数时,先写出如下框架。

```c
int main(void)
{   int n=0,a=0;
    printf("Input n:");
    scanf("%d",&n);
    计算 1~n 的和,并将结果赋给 a
    printf("1 至 %d 的和是 :%d\n",n,a);
    return 0;
}
```

下面再分析应如何编写计算 1～n 的和的语句。在主函数中不必考虑计算 1～n 的和的详细步骤,而只需知道其计算结果,就像在日常生活中借助计算器计算一样。所以在此就用 1 条调用函数的语句,即 "a=sum_n(n);"。函数名 sum_n 是自己定义的,命名规则与变量名命名规则相同。由于计算 1～n 的和时,只要知道 n 的值就可以确定其值,因此将 n 作为唯一的参数。虽然 sum_n( ) 函数尚未编好,但我们知道 sum_n(n)的值将是 1～n 的和。

编写计算 1～n 之和的函数时,先写出如下框架。

```c
int sum_n(int n)
```

```
{   定义变量
    计算 1 ~ n 的和
    将结果告知主函数
}
```

第 1 行是函数的首部，其中包括多项信息，即函数名是 sum_n、参数只有一个且是 int 型、计算结果也是 int 型（从最左边 int 得知）。

在"定义变量"的位置上，应定义此函数用到的所有变量（本函数需要定义 i 和 s）。

在"计算 1 ~ n 的和"的位置上，应使用循环语句计算后将结果存放在 s 中。

在"将结果告知主函数"的位置上，使用语句"return s;"。

2．程序代码

```c
#include <stdio.h>
int sum_n(int n);                          // 函数的原型说明
int main(void)
{   int n=0,a=0;

    printf("Input n:");
    scanf("%d",&n);
    a=sum_n(n);
    printf("1 至 %d 的和是 :%d\n",n,a);
    return 0;
}

int sum_n(int n)
{   int i=0,s=0;

    for(i=1; i<=n; i++)
        s=s+i;
    return s;
}
```

3．运行结果

```
Input n:100
1至100的和是:5050
```

4．归纳分析

（1）在编写较大程序时，应采用模块化的程序设计方法，即将较大的程序分解为相对独立但又相关，而且容易理解的较小的模块。这些模块可用层次结构清楚的模块图表示。如图 6.6 所示是本程序的模块图，其中用矩形表示一个模块，各模块之间用连接线连接。模块图一般包括多层，其中最上面一层的模块是主模块，下面的各层模块是其上一层模块的逐步描述。

（2）编写程序一般采用"自顶向下，逐步细化"的原则，即先编写主模块代码，然后逐层依次编写其他模块的代码。

（3）自编函数的一般形式如下：

图 6.6 实例 6.2 的模块图

类型名 函数名（类型名 形参 1, 类型名 形参 2, …）
```
{   定义变量部分
功能语句部分
}
```

其中，函数名前面的类型名给出函数值的类型，而形参前面的类型名指定该形参的数据类型。形参可以没有，也可以有多个，对于多个形参，必须一一指定每个形参的数据类型。形参是变量，定义函数时形参没有确定的值，只有当其他函数调用该函数时才能得到具体的值。

在定义变量部分，应对函数内用到的所有变量（除形参外）给出定义。

在功能语句部分，编写为实现功能所需的所有语句，如果调用函数后需要结果值，则在函数中用 return 语句将其返回，如果不需要结果值，则不用 return 语句，此时函数名前面的类型名用 void。

（4）调用函数的一般形式如下：

函数名（实参 1, 实参 2, …）

其中，函数名必须与定义时的函数名一致，实参与形参的个数相同、顺序和类型一致，实参可以是常量、有确定值的变量或表达式。调用函数时，将实参的值传给对应形参，这时形参才有确定的值。例如，本程序调用开始前，主函数中的实参 n 的值为所输入的 100，但 sum_n( ) 函数中的形参 n 还是不确定的值，在调用开始后，系统将实参 n 的值 100 传递给形参 n，所以形参 n 的值也变为 100。

> 💡注意：形参和实参可以使用同名变量，也可以使用异名变量，但它们的关系永远都是在调用函数时将实参的值传递给对应位置的形参。

本程序若将形参改用变量 k（这时需要该函数内的所有 n 改为 k），则因为在调用开始后 k 还是得到实参 n 的值 100，所以结果还是 5050。

（5）程序的开头还要加上除主函数外的其他所有函数的原型说明语句。

函数原型说明的一般形式是：

类型名 函数名（类型名 形参 1, 类型名 形参 2, …）;

它的形式与函数首部很相似。但要注意，函数原型最后还有 ";"。

【讨论题 6.1】 若要调用自己编写的函数计算两个数的和，应如何补充如下程序？

```
#include <stdio.h>
float add(float x,float y);
int main(void)
```

```
{    float x=0.0,y=0.0,z=0.0;

     printf("Input x and y:");
     scanf("%f%f",&x,&y);
     z=add(x,y);
     printf("%f+%f=%f\n",x,y,z);
     return 0;
}
```

```
_____    // 函数的首部
{    float c=0.0;

     c=a+b;
     _____    // 将计算结果返回
}
```

【讨论题 6.2】 若要调用自己编写的函数计算 x 的 n 次方，应如何补充如下程序？

```
#include <stdio.h>
float pwr(float x,int n);
int main(void)
{    int n=0;
     float x=0.0,y=0.0;

     printf("Input x and n:");
     scanf("%f%d",&x,&n);
     _____    // 调用函数计算 x 的 n 次方
     printf("%f**%d=%f\n",x,n,y);
     return 0;
}
```

```
float pwr(float x,int n)
{    int i=0;
     float y=1.0;

     for(i=1; i<=n; i++)
         y=y*x;
     _____    // 将计算结果返回
}
```

6.2.2   调用自定义函数进行四则运算

【实例 6.3】 编写程序，输入两个数以及加、减、乘、除中的某运算符号，并调用自己编写的函数计算相应的结果。

1. 编程思路

要编写主函数和进行四则运算的函数 cal( )。

（1）编写主函数。

在主函数中输入两个数和运算符号，并以它们作为参数调用 cal( ) 函数，最后输出计算结果。编写主函数时不必考虑 cal( ) 函数的详细步骤，只需了解该函数的功能和调用格式。程序的开头和主函数的代码如下。

```
#include <stdio.h>
float cal(int a,char sym,int b);
int main(void)
{    int a=0,b=0;
     char sym='\0';
     float c=0.0;

     scanf("%d%c%d",&a,&sym,&b);
     c=cal(a,sym,b);
     printf("%d%c%d=%f\n",a,sym,b,c);
     return 0;
}
```

在编写 cal( ) 函数前，应先测试主函数，若没有错误，再继续编写 cal( ) 函数。但因为还没有编写 cal( ) 函数，直接编译主函数会报错误。解决的方法是在 cal( ) 函数的定义位置上临时加上该函数的如下框架（叫作空函数）：

```
float cal(int a,char sym,int b)
{
}
```

（2）编写 cal( ) 函数。

在 cal( ) 函数中利用 switch 语句进行四则运算，用 return 语句将计算结果返回，但在处理除法运算时，要考虑分母为 0 时的情况。

2. 程序代码

```
#include <stdio.h>
float cal(int a,char sym,int b);          // 函数原型说明

// 以下是主函数
int main(void)
{    int a=0,b=0;
     char sym='\0';
     float c=0.0;
```

```
        scanf("%d%c%d",&a,&sym,&b);                  // 输入两个数和运算符号
        c=cal(a,sym,b);                              // 调用函数进行四则运算
        printf("%d%c%d=%f\n",a,sym,b,c);
        return 0;
    }


    // 以下是 cal( ) 函数
    float cal(int a,char sym,int b)
    {   float c=0.0;

        switch(sym)
        {   case '+':     c=a+b; return c;
            case '-':     c=a-b; return c;
            case '*':     c=a*b; return c;
            case '/':     if(b!=0)                    // 如果分母不为 0
            {   c=(float)a/b;                         // 计算商
                return c;                             // 返回商
            }
            else                                      // 如果分母为 0
            {   printf("Divided by 0.\n");            // 显示分母为 0 的信息
                exit(0);                              // 强行结束整个程序的运行
            }
        }
    }
```

3．运行结果

第 1 次运行结果：

```
25*38
25*38=950.000000
```

第 2 次运行结果：

```
35/0
Divided by 0.
```

4．归纳分析

（1）程序中将调用其他函数的函数称为主调函数，被其他函数调用的函数称为被调函数。本程序中主函数调用了 cal( ) 函数，所以主函数是主调函数，cal( ) 函数是被调函数。

（2）编写本程序也采用了"自顶向下，逐步细化"的原则，先编写主函数，后编写 cal( ) 函数。用这种前后顺序编写程序时，一般在编写被调函数前临时加空函数检查主调函数是否编写正确。

编写程序还可以先编写被调函数，后编写主调函数，用这种顺序编写程序时，一般

每编写一个被调函数,就临时加上简单的主函数检查该被调函数是否编写正确,若正确,继续编写另一个被调函数。

> **注意**:不管程序是按什么顺序编写的,只要在一个程序中包括较多函数,就不应把所有函数都编写完才测试,而应采用逐步扩充功能的方法分批进行。

(3)任何函数都可以调用其他函数,所以编写自定义函数时,都要用类似于主函数的编写方法逐步细化。但要注意,主函数不能被任何函数调用。

(4)在 switch 语句中没有使用 break 语句,这是因为在被调函数中只要执行 return 语句,程序流程就立即结束调用。

(5)若要中途结束整个程序的运行,可调用 exit( ) 库函数实现。

(6)在不同的函数中定义的变量不管其名字是否相同,只能在本函数内使用。本程序在主调函数和被调函数中使用了同名变量 a、b、c 和 sym,但它们所占的存储单元不同,如图 6.7 所示。当执行调用语句"c=cal(a,sym,b);"时,形参 a、sym 和 b 分别得到 25、* 和 38(图 6.7 中用①标出),执行计算的语句"c=a*b;"后,被调函数中 c 的值变为 950(图 6.7 中用②标出),执行返回的语句"return c;"后,主调函数中 c 的值也变为 950(图 6.7 中用③标出),此时被调函数中的存储单元被释放。

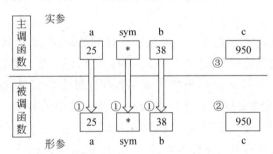

图 6.7 调用函数进行四则运算的过程

6.2.3 在被调函数中交换数据

【实例 6.4】 编写程序,输入两个整数,并调用自己编写的函数交换 a 和 b 中的值。

1. 编程思路

交换 a 和 b 中值的算法是借用临时变量 t,执行三条语句"t=a; a=b; b=t;"。但在被调函数中交换 a 和 b 的值,不影响主调函数中的 a 和 b 的值,因为在被调函数和主调函数中同名变量不代表同一个存储单元。为了在被调函数中交换主调函数中的变量 a 和 b 的值,首先要解决在被调函数中如何访问主调函数中的变量。如果实参是普通的变量,那么在被调函数中无法访问主调函数中的变量,因而也无法交换两个实参的值;但如果实参是变量的地址,就可以通过间接访问的方式在被调函数中访问主调函数中的变量,进而交换两个实参的值,因此可将变量的地址作为实参。

2. 程序代码

```
#include <stdio.h>
void swap(int *p,int *q);
```

```
int main(void)
{    int a=10,b=20;

     swap(&a,&b);
     printf("a=%d,b=%d\n",a,b);
     return 0;
}

void swap(int *p,int *q)
{    int t=0;

     t=*p;  *p=*q;  *q=t;
}
```

3. 运行结果

```
a=20,b=10
```

4. 归纳分析

（1）当需要在被调函数改变主调函数中变量的值时，将该变量的地址作为实参，这样可以通过指向该变量的指针变量（形参）间接访问该变量。本程序需要在被调函数中改变主调函数中的变量 a 和 b，所以将 a 和 b 的地址作为实参，这时对应的形参应该都是指针变量。当指针变量 p 和 q 分别指向主调函数中的变量 a 和 b 后，变量 a 和 b 分别有新的别名 *p 和 *q（见图 6.8），所以在被调函数中交换 *p 和 *q 的值，就相当于交换主调函数中 a 和 b 的值（见图 6.9）。

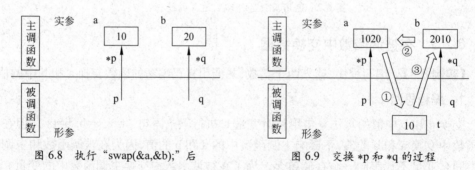

图 6.8 执行 "swap(&a,&b);" 后   图 6.9 交换 *p 和 *q 的过程

（2）本程序的被调函数无返回值，所以在被调函数中没有使用 return 语句。为了明确表示函数没有返回值，应将函数类型定义为 void（空类型）。根据实际情况，在被调函数中可以没有 return 语句，也可以有多个 return 语句。当被调函数中没有 return 语句时，程序执行到该函数最后的 "}"，自然结束调用；当被调函数中有多个 return 语句时，只要某条 return 语句被执行，程序流程就立即结束调用。

【讨论题 6.3】 若调用 mycal( ) 函数计算两个数 x、y 的和与差，并将结果分别存放在变量 a 和 b 中，则被调函数的首部应如何定义？调用函数的语句形式是什么？

6.2.4　用嵌套调用的方法进行计算

【实例 6.5】　编写 fac() 函数,该函数的功能是计算 *n*!,再调用该函数,计算 1!+3!+5!+…+19! 的值。

1. 编程思路

编写计算 *n*! 的函数与编写计算 1 至 *n* 之和的函数方法类似,但计算 *n*! 时存放计算结果的变量初值应为 1,而不是 0。该函数代码框架如下:

```
float fac(int n)
{    int i=0;
     float f=1.0;

     计算 n!
     将结果告知主调函数
}
```

fac( ) 函数的主调函数是 sum( ),其功能为计算 fac(1)+fac(3)+fac(5)+…+fac(19)。sum( ) 函数的框架如下:

```
float sum(int n)
{    int i=0;
     float s=0.0;

     // 计算 fac(1)+fac(3)+fac(5)+...+fac(n)
     // 将结果告知主调函数
}
```

sum( ) 函数的主调函数是主函数 main( )。

2. 程序代码

```
#include <stdio.h>
float fac(int n);
float sum(int n);
int main(void)
{    float s=0;

     s=sum(19);                // main( ) 函数调用 sum( ) 函数
     printf("s=%.0f\n",s);     // 只输出整数部分
     return 0;
}

float sum(int n)
```

```
{   int i=0;
    float s=0.0;

    for(i=1; i<=n; i=i+2)
        s=s+fac(i);                    // sum( ) 函数又调用 fac( ) 函数
    return s;                          // 返回到主调函数 main( )
}


float fac(int n)
{   int i=0;
    float f=1.0;

    for(i=1; i<=n; i++)
        f=f*i;
    return f;                          // 返回到主调函数 sum( )
}
```

3．运行结果

s=122002093685866500

4．归纳分析

（1）本程序在主函数中调用了 sum( ) 函数，而 sum( ) 函数中又调用了 fac( ) 函数，即在一个被调函数中又调用了另一个函数，这种调用形式叫作嵌套调用。

（2）在解决实际问题时，所编写的程序一般都较长，为了方便阅读、方便开发，将功能分解为小任务后，编写相应的函数实现其功能。这些函数可以被其他函数调用，也可以调用其他函数（嵌套调用），有些函数还可以调用其本身（递归调用）。

（3）编写程序时一定要合理选用数据类型，本程序若选用 int 型变量存放结果，将会产生数据溢出现象。本题目正确结果为 122002101778601647，因选用 float 型（有效位数为 6～7 位）误差较大，若选用 double 型可得到较准确的结果 122002101778601650（double 型有效位数为 15～16 位）。

6.3 调用自定义函数处理数组

6.3.1 调用自定义函数输入 / 输出一维数组

【实例 6.6】 编写程序，定义两个数组 a 和 b，数组 a 中存放十种上等产品的产量，数组 b 中存放六种下等产品的产量。

1．编程思路

在主函数中定义数组 a 和 b、调用两次 data_in( ) 函数给数组 a 和 b 输入产量、调用两次 data_out( ) 函数输出数组 a 和 b 中的产量。data_in( ) 函数和 data_out( ) 函数分别实现输入数据和输出数据的功能,其形参应该是指向数组的指针变量和存放数组元素个数的 int 型变量。

2．程序代码

```c
#include <stdio.h>
void data_in(int *p,int n);
void data_out(int *p,int n);
int main(void)
{   int a[10]={0},b[6]={0};

    printf("Input a:");
    data_in(a,10);
    printf("Input b:");
    data_in(b,6);

    printf("Array a:");
    data_out(a,10);
    printf("Array b:");
    data_out(b,6);
    return 0;
}

void data_in(int *p,int n)
{   int i=0;

    for(i=0; i<n; i++,p++)
        scanf("%d",p);
}

void data_out(int *p,int n)
{   int i=0;

    for(i=0; i<n; i++,p++)
        printf("%5d",*p);
    printf("\n");
}
```

3．运行结果

```
Input a:21 123 43 57 332 75 83 91 102 252
Input b:12 32 56 8 19 25
Array a:    21   123    43    57   332    75    83    91   102   252
Array b:    12    32    56     8    19    25
```

4．归纳分析

（1）数组一般包括很多元素，所以在被调函数中处理数组时不可能把每个元素的地址一一传递。解决的方法是根据数组的特性，采用数组名做实参的方法。

由于数组在内存中占连续的存储单元，只要知道数组第 1 个元素的地址，就可以找到所有元素，所以将数组的首地址（即数组名）作为实参。将数组名作为实参传递时，对应的形参必须为基类型相同的指针变量。

（2）本程序中数组 a 和 b 所包含的元素个数不同，但调用同一个函数 data_in( ) 实现输入功能，也调用同一个函数 data_out( ) 实现输出功能。因此，为了适合于不同元素个数的数组的输入与输出，参数除了数组名外，还设置了元素个数。

（3）虽然在被调函数中没有直接使用数组 a 或 b，但通过指针变量 p 间接访问数组。实际上在被调函数中只能通过指针变量 p 访问数组 a 和 b，因为在一个函数内定义的变量或数组只能在本函数内使用。如图 6.10 和图 6.11 所示为以数组名 a 为实参和数组名 b 为实参时的指向情况。

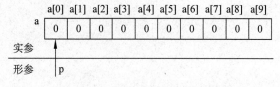

图 6.10　第 1 次调用 data_in( ) 函数时

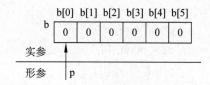

图 6.11　第 2 次调用 data_in( ) 函数时

6.3.2　调用自定义函数将数据逆置

【实例 6.7】　改写实例 5.3，调用函数实现逆序存放数据的功能。

1．编程思路

在主函数中调用 backward( ) 函数将数据重新按逆序存放，调用两次 data_out( ) 函数输出原始数据和按逆序存放后的数据。

2．程序代码

```c
#include <stdio.h>
void backward(int *p,int n);
void data_out(int *p,int n);
int main(void)
{   int a[10]={1,2,3,4,5,6,7,8,9,10};

    printf("Original:\n");
    data_out(a,10);            // 输出原始数据
    backward(a,10);            // 按逆序重新存放数据
    printf("Final:\n");
    data_out(a,10);            // 输出按逆序存放后的数据
    return 0;

}
```

```
void backward(int *p,int n)
{    int t=0,*q=NULL;

     q=p+n−1;
     while(p<q)
     {    t=*p;  *p=*q;  *q=t;
          p++;  q−−;
     }
}

void data_out(int *p,int n)
{    int i=0;

     for(i=0; i<n; i++,p++)
         printf("%5d",*p);
     printf("\n");
}
```

3．运行结果

```
Original:
     1    2    3    4    5    6    7    8    9   10
Final:
    10    9    8    7    6    5    4    3    2    1
```

4．归纳分析

（1）本程序的功能、运行结果均与实例 5.3 相同,但比较两个实例中的代码可以看到,此处主函数更简洁,而且减少重复编写代码（如输出数据的操作）。这就是通过函数解决问题的好处之一。

（2）在解决实际问题时,将数组名作为实参的情况较多,这样可以在被调函数中逐一访问数组的各元素。

6.3.3　调用自定义函数求最大值

【实例 6.8】　改写实例 5.4,输入 100 名学生的学号和学年总平均成绩,调用函数找出其中成绩最高的学生。

1．编程思路

编写找出最大值的函数,该函数实现的功能是找出数组中最高成绩对应的下标并返回到主调函数中。因此,需将存放总平均成绩的数组名 score 作为实参,形参为基类型相同的指针变量。主函数调用求最大值的函数后,得到最高平均成绩所对应的下标值,这样可以在主函数中方便地输出成绩最高的学生学号和成绩。

2．程序代码

```
#include <stdio.h>
```

```
#define N 5
void data_in(int *p,float *q);
void data_out1(int *p);
void data_out2(float *p);
int data_max(float *p);

int main(void)
{   int num[N]={0},k=0;
    float score[N]={0.0};

    printf("Input numbers and scores:\n");
    data_in(num,score);                    // 输入 N 名学生的学号和学年总平均成绩
    data_out1(num);                        // 输出 N 名学生的学号
    data_out2(score);                      // 输出 N 名学生的学年总平均成绩
    k=data_max(score);                     // 找出成绩最高的学生
    printf("number=%d,score=%.2f\n",num[k],score[k]);   // 输出学号和成绩
    return 0;
}

void data_in(int *p,float *q)
{   int i=0;

    for(i=0; i<N; i++,p++,q++)
        scanf("%d%f",p,q);
}

void data_out1(int *p)
{   int i=0;

    for(i=0; i<N; i++,p++)
        printf("%8d",*p);
    printf("\n");
}

void data_out2(float *p)
{   int i=0;

    for(i=0; i<N; i++,p++)
        printf("%8.2f",*p);
```

```
    printf("\n");
}

int data_max(float *p)
{   int i=0,k=0;

    for(i=1; i<N; i++)
        if(p[k]<p[i])   k=i;
    return k;
}
```

3．运行结果

```
Input numbers and scores:
1001 68.21
1003 75.25
1004 80.35
1006 85.67
1007 78.73
    1001    1003    1004    1006    1007
    68.21   75.25   80.35   85.67   78.73
number=1006,score=85.67
```

4．归纳分析

（1）本程序的功能、运行结果均与实例 5.4 相同，但调用自编函数可以使主函数更简洁，各函数的功能层次更清晰。

（2）输入／输出数据的自编函数与实例 6.6 类似，但由于本实例中定义的符号常量 N 在各函数中可以通用，因此无须将数组元素个数作为参数传递。

（3）在求最大值的自编函数 data_max( ) 中，先确定总平均成绩最高的元素下标，然后在主函数中输出与该下标对应的学号和总平均成绩。在确定最高总平均成绩的下标时，没有使指针变量移动，而是采用下标的形式，这样做的优点是直观、不易出错，缺点是效率较低。

（4）data_max( ) 函数的首部也可以写为"int data_max(float p[N])"或"int data_max(float p[])"。当实参是数组名时，形参可采用这三种形式中的任意一种。

【讨论题6.4】 若想按照总平均成绩由高到低的顺序输出学生信息，应怎样修改函数 data_max( )？

6.3.4　调用自定义函数判断回文

【实例6.9】 改写实例 5.7，输入一个字符串，调用函数判断该字符串是不是回文。

1．编程思路

编写函数用来判断字符串是否为回文，如果是回文，返回 1，否则返回 0。此时需将存放字符串的数组名a作为实参，形参为基类型相同的指针变量。主函数调用该函数后，根据返回值可以方便地输出该字符串是否为回文。

2. 程序代码

```c
#include <stdio.h>
#include <string.h>
int funp(char *p);
int main(void)
{   char a[80]={'\0'};
    int k=0;

    printf("Input a string:\n");
    gets(a);                        // 输入一个字符串
    k=funp(a);
    if(k==0)
        printf("\"%s\" is not a palindromic string.\n",a);
    else
        printf("\"%s\" is a palindromic string.\n",a);
    return 0;
}

int funp(char *p)
{   char *q=NULL;

    q=p+strlen(p)-1;                // 使 q 指向最后一个字符
    while(p<q)                      // 判断是不是回文
        if(*p!=*q)                  // 只要找到一个不相同的字符,就断定不是回文
            return 0;               // 返回 0,结束函数的调用
        else
        {   p++;
            q--;
        }
    return 1;                       // 当所有 *p 等于 *q,且 p ≥ q 时流程才能到此语句
}
```

3. 运行结果

```
Input a string:
abcdedcba
"abcdedcba" is a palindromic string.
```

4. 归纳分析

在判断是否为回文的自编函数 funp( ) 中,形参为字符型的指针 p,指向主函数中字符串数组 a 的首地址。此函数的处理过程如下。

（1）定义基类型为 char 类型的指针变量 q。

（2）使指针 q 指向字符串 a 中的最后一个有效字符。

（3）判断指针 p 与指针 q 所指向的存储单元的内容是否相同，如果不相同，立即结束函数的调用，返回 0，此时主函数中 k 得到 0。

（4）移动指针 p 和 q（即 p++、q--），如果 p<q，则转到步骤（3）。

（5）返回 1，此时主函数中 k 得到 1。

6.3.5　调用自定义函数计算两个矩阵的和

【实例 6.10】　改写实例 5.6，调用函数计算两个 3×4 矩阵的和。

1．编程思路

编写函数计算两个已知矩阵的和，该函数实现的功能是对这两个矩阵的所有对应元素求和并存放在一个新的数组中。因此，在主调函数中将存放矩阵元素的数组名 a、b、c 作为实参，形参采用与实参维数、类型均相同的数组形式。

2．程序代码

```
#include <stdio.h>
void data_out(int p[3][4]);
void fun_add(int p[3][4],int q[3][4],int w[3][4]);

int main(void)
{    int a[3][4]={{3,8,12,15},{2,6,15,13},{5,7,10,16}};
     int b[3][4]={{6,10,17,15},{5,12,19,20},{7,16,21,16}};
     int c[3][4]={0};

     printf("Array a:\n");
     data_out(a);
     printf("Array b:\n");
     data_out(b);
     fun_add(a,b,c);
     printf("Array c:\n");
     data_out(c);
     return 0;
}

void data_out(int p[3][4])
{    int i=0,j=0;

     for(i=0; i<3; i++)
     {    for(j=0; j<4; j++)
              printf("%4d",p[i][j]);
```

```
        printf("\n");
    }
}


void fun_add(int p[3][4],int q[3][4],int w[3][4])
{   int i=0,j=0;

    for(i=0; i<3; i++)
        for(j=0; j<4; j++)
            w[i][j]=p[i][j]+q[i][j];
}
```

3．运行结果

```
Array a:
  3   8  12  15
  2   6  15  13
  5   7  10  16
Array b:
  6  10  17  15
  5  12  19  20
  7  16  21  16
Array c:
  9  18  29  30
  7  18  34  33
 12  23  31  32
```

4．归纳分析

（1）本程序的功能、运行结果均与实例 5.6 相同。由于要分别输出三个数组中的元素值，而实现这一功能的代码相同，为了减少重复代码，编写了输出函数 data_out( )；同时为了计算两个矩阵的和，编写了函数 fun_add( )。通过主函数调用自定义函数，使主函数简洁且功能清晰。由此可见，只要将函数的入口（函数的首部）、出口（return 语句处或函数体最后）、接口（调用语句）处理好即可。

（2）本实例虽然形参采用了数组的形式，但实际是按行指针处理的，通过行指针访问主函数中的二维数组，fun_add( ) 函数的首部可以写为"void fun_add(int (*p)[4],int (*q)[4],int (*w)[4])"。由于本书对行指针不做要求，所以形参采用数组元素下标的形式来表示，这样做的好处是直观、容易理解。

6.4　变量的存储类别

变量按其在程序中的有效作用范围，分为内部变量和外部变量，按其在程序运行过程中占有内存空间的时间，分为动态存储变量和静态存储变量。

6.4.1　内部变量和外部变量

在前面介绍的所有程序中，变量都在某函数内部定义。实际上变量不仅可以在某函数内部定义,还可以在所有函数外部定义,也可以在某复合语句内部定义。在所有函数外部定义的变量称为外部变量(也称全局变量),在某函数内部或某复合语句内部定义的变量称为内部变量(也称局部变量)。

【实例 6.11】 阅读下面的程序,观察变量定义的位置,分析程序的运行结果。

```
#include <stdio.h>
void fun(int c);
int a=3,b=5,c=0;                    // 是外部变量,其作用域为从定义点到程序结尾

int main(void)
{   int c=1;                        // 是内部变量,其作用域为主函数

    fun(c);
    printf("a=%d,b=%d,c=%d\n",a,b,c);
    return 0;
}

void fun(int c)                     // 形参属于内部变量,其作用域在该函数中
{   int a=1;

    a=2*a;
    {   int c=2;                    // 是内部变量,其作用域为该复合语句

        b=a+b+c;
    }
    c=c+5;
    printf("a=%d,b=%d,c=%d\n",a,b,c);
}
```

1. 运行结果

```
a=2,b=9,c=6
a=3,b=9,c=1
```

2. 归纳分析

(1)外部变量可以被程序中的多个函数使用,其有效范围从变量定义的位置开始到本程序结束位置的所有函数内。本实例中定义的"int a=3,b=5,c=0;"即为外部变量。外部变量也可以通过关键字 extern 声明,此时其作用域延伸到定义位置之前的函数,具体用法本书不再介绍。

(2)内部变量只在其定义所在的函数或复合语句内有效。如在主函数中用"int c=1;"定义的变量 c 即为内部变量,它只在主函数 main( ) 中有效。

（3）形参也是内部变量。如在自定义函数 fun( ) 中，用 "int c" 给定的形参 c 只在该函数内有效。

（4）在一个程序中，如果外部变量与内部变量同名，则在内部变量的有效范围内，外部变量被 "屏蔽" 而不起作用。同样，如果在一个函数中定义的内部变量与复合语句中定义的内部变量同名，则在复合语句中只能识别该复合语句内定义的变量，函数内定义的变量被 "屏蔽"。

本实例中，由于在主函数内定义的内部变量 c 与外部变量同名，此时外部变量 c 不起作用，c 的值为 1，而不是 0，因此调用 fun( ) 函数时的实参 c 的值和输出时 c 的值均为 1，但变量 a 和 b 在主函数中没有定义，是外部变量，在主函数调用的 fun( ) 函数中也可以使用。

fun( ) 函数的调用开始时形参 c（内部变量）得到 1。由于在 fun( ) 函数中定义的变量 a 与外部变量同名，a 作为内部变量，其值为 1，执行语句 "a=2*a;" 后，a 的值变为 2，由于在复合语句中又定义了变量 c，其值为 2，而变量 b 在 fun( ) 函数内没有定义，b 为外部变量，b 的原始值为 5，执行语句 "b=a+b+c;" 后，b 的值变为 9。

需要注意的是，在 fun( ) 函数内的语句 "b=a+b+c;" 和 "c=c+5;" 中 c 均参与了运算，但两处的 c 所代表的存储单元是不同的，其值也不同。因为在语句 "b=a+b+c;" 中变量 c 是在复合语句中定义的内部变量，其值为 2，而在执行语句 "c=c+5;" 时，复合语句已结束，变量 c 是形参，其值为调用开始时得到的 1。

虽然在 fun( ) 函数内变量 a、b、c 的值都发生了变化，但调用结束后主函数中只有变量 b 的值发生了变化，因为一旦调用结束，fun( ) 函数中的内部变量 a、c 的存储空间就被释放，而由于变量 b 没有重新被定义，它作为外部变量具有不变的存储单元，在 fun( ) 函数中的变化则直接反映在主函数或其他函数中。

> 💡**注意**：由于外部变量在整个程序执行过程中始终占用存储空间，且使用外部变量会降低程序的通用性、可读性和清晰性，因此除非特别必要，通常不提倡使用外部变量。

6.4.2 动态存储变量和静态存储变量

本章所介绍的程序，在被调函数中定义的所有变量都是在调用该变量所在的函数时才开辟的，调用结束时应立刻释放，但实际上有些变量开辟与释放的时间有所不同。只有在函数调用时才被分配存储单元，一旦调用结束，立即释放存储单元的变量称为动态存储变量（简称动态变量），动态变量用关键字 auto 声明。与动态变量对应，C 语言还提供静态变量的概念。用关键字 static 声明的变量为静态存储变量（简称静态变量）。静态变量在整个程序的运行期间，始终占有固定的存储单元，即使退出函数，静态变量占用的存储单元也不释放。

定义动态变量和静态变量，如同临时预订宾馆房间和长期包订固定房间。临时预订方式有利于宾馆合理利用资源，所以大部分情况都采用此方式。同样，为了合理利用内存中的存储单元，在程序中绝大多数变量均采用动态变量，只在必要的情况下才定义静态变量。

【**实例 6.12**】 阅读下面的程序，观察变量的开辟与释放时间，分析程序的运行结果。

```
#include <stdio.h>
void fun();
int main(void)
{    int i=0;

     for(i=1; i<=3; i++)
         fun();
     return 0;

}


void fun()
{    auto int a=3;                    // 定义 a 为动态存储变量
     static int b=3;                  // 定义 b 为静态存储变量

     a=a+2;
     b=b+2;
     printf("a=%d,b=%d\n",a,b);

}
```

1. 运行结果

```
a=5,b=5
a=5,b=7
a=5,b=9
```

2. 归纳分析

（1）动态变量只有在函数调用时才被分配存储单元,一旦调用结束,立即释放存储单元。再次进入函数时,系统为这些变量重新分配不同的临时存储单元,退出时又立即释放,因此动态变量的值在退出函数时是不被保留的。实例中通过循环三次调用 fun( )函数,第 1 次进入 fun( )函数时为变量 a 开辟了临时的存储单元并赋初值为 3,计算后输出 5,返回时释放存储单元,之后的两次调用分别为 a 开辟不同的临时存储单元,均赋初值为 3,因此计算后输出的 a 值均为 5。

（2）在整个程序运行期间,静态变量始终占有固定的存储单元,即使退出函数,静态变量占用的存储单元也不释放,再次进入该函数时,静态变量仍使用原来的储存单元,因此静态变量的值在退出函数时是被保留的,直到结束整个程序为止。实例中变量 b 在编译后始终占有固定的存储单元,第 1 次进入到 fun( )函数时,变量 b 的值为 3,计算后输出 5,返回时不释放存储单元；再次调用 fun( )函数时,变量 b 仍用原来的存储单元,保留退出时的值 5,计算后输出 7；同理,第 3 次调用 fun( )函数时,变量 b 仍用原来的存储单元,保留退出时的值 7,计算后输出 9。

（3）在函数内部定义的变量,如不声明为 static 存储类别,则默认为动态变量。关键字 auto 可以省略,因此尽管前面介绍的函数中定义的变量都没有用 auto 声明,但实

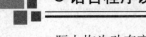

C 语言程序设计（第 4 版）

际上均为动态变量。

> 💡**注意**：在程序中如果静态变量未赋初值，则系统为该变量自动赋 0，但如果动态变量未赋初值，该变量的值将是一个不确定的值，所以一定要为动态变量赋初值。

6.5　贯穿教学全过程的实例——公交一卡通管理程序（5）

本节通过函数实现 4.4 节中的各功能。涉及的知识点是三种基本结构、数组、指针和函数。

1．功能描述

（1）程序开始运行时调用 welcome( ) 函数显示如图 1.11 所示的欢迎界面，延时 2 秒后，调用 menu( ) 函数显示如图 1.12 所示的菜单界面。

（2）在菜单中选择 1~7 的数字时，分别调用 create( )、displayall( )、logout( )、addnew( )、readcard( )、savemoney( ) 和 total( ) 函数实现创建数据、显示信息、注销旧卡、添加新卡、坐车刷卡、卡内续钱和统计数据等功能，再按任意键重新显示如图 1.12 所示的菜单界面。各函数的具体功能描述如下。

① create( ) 函数创建数据。卡号按自然序列（即 1，2，3，…）顺序自动生成，用户名、卡内余额和乘客信息（0 或 1）由键盘输入，卡是否被注销的信息均设为 0，说明所有卡没被注销。

② displayall( ) 函数显示信息。显示所有没被注销过的公交卡信息。例如，本实例如果创建由四人组成的公交卡模拟系统，则在屏幕上显示的信息如图 4.12 所示。

③ logout( ) 函数注销旧卡。输入卡号，判断该卡是否存在，若存在并且该卡没有注销标记，则将该卡的余额退回给用户，卡内余额重新设为 0，同时对该卡做注销标记，做注销标记并没有真正删除该条记录。

④ addnew( ) 函数添加新卡。如果有被注销过的卡，则优先将此卡号分配给新卡使用，否则在所有卡后面再添加新卡信息。用户名、卡内余额和乘客信息（0 或 1）由键盘输入，卡是否被注销的信息设为 0，说明没被注销。

⑤ readcard( ) 函数坐车刷卡。假设公交车票价采用 1 元单一票制，学生卡半价为 0.5 元。在乘坐公交车时，由用户输入了自己的卡号，如果不存在该卡，则提示用户支付现金 1 元；如果存在该卡，并且该卡没有被注销，则系统根据票价的规定，从该卡的余额中扣除相应的票价，在扣除票价时，如果卡内余额不足，则提示用户支付现金 1 元。

⑥ savemoney( ) 函数卡内续钱。输入卡号和要续的金额，如果存在该卡，并且该卡没有被注销，则系统将所续的金额累加到卡内余额项中。

⑦ total( ) 函数统计数据。统计所有卡的余额总和、有效卡数、学生卡数和成人卡数。

（3）在菜单中选择 0 时，显示"谢谢使用本系统！"，按任意键退出系统。

（4）当输入非法选项时，显示"输入错误，请重新选择！"，按任意键重新显示如图 1.12 所示的菜单界面。

166

2. 编程思路

五个数组名分别作为实参传递,所以对应的五个形参都是指针变量,但初学者可以用数组形式书写,这样便于理解,还可以减少难度。用函数实现时,程序的开头先用空函数占位置,然后逐项编写函数。

3. 程序代码

```
#include <stdio.h>
#include <conio.h>
#include <stdlib.h>
#include <windows.h>
#define N 50                    // 用户最多 50 人

void welcome();
void menu();
void create(int cnum[N],char pname[N][10],double cmoney[N],int stu[N],int flag[N],int *num);
void displayall(int cnum[N],char pname[N][10],double cmoney[N],int stu[N],int flag[N],int num);
void logout(int cnum[N],char pname[N][10],double cmoney[N],int stu[N],int flag[N],int *num);
void addnew(int cnum[N],char pname[N][10],double cmoney[N],int stu[N],int flag[N],int *num);
void readcard(int cnum[N],char pname[N][10],double cmoney[N],int stu[N],int flag[N],int num);
void savemoney(int cnum[N],char pname[N][10],double cmoney[N],int stu[N],int flag[N],int num);
void total(int cnum[N],char pname[N][10],double cmoney[N],int stu[N],int flag[N],int num);

int main(void)
{   char choose='\0';
    int cnum[N];                // 存放卡号
    char pname[N][10]={"\0"};   // 存放卡的用户名
    double cmoney[N]={0};       // 存放卡内余额
    int stu[N]={0};             // 存放学生的信息。非 1:成人卡;1:学生卡
    int flag[N]={0};            // 存放卡是否注销的信息。0:该卡正常使用;1:该卡被注销
    int num=0;                  // 存放实际用户数

    welcome();
    while(1)                    // 该循环只有一个出口:选择 0 才可以退出
    {   menu();
        scanf(" %c",&choose);
        switch(choose)
        {   case '1': create(cnum,pname,cmoney,stu,flag,&num);        break;
            case '2': displayall(cnum,pname,cmoney,stu,flag,num);     break;
            case '3': logout(cnum,pname,cmoney,stu,flag,&num);           break;
            case '4': addnew(cnum,pname,cmoney,stu,flag,&num);           break;
```

```
        case '5': readcard(cnum,pname,cmoney,stu,flag,num);        break;
        case '6': savemoney(cnum,pname,cmoney,stu,flag,num);        break;
        case '7': total(cnum,pname,cmoney,stu,flag,num);        break;
        case '0': printf("\t\t 谢谢使用本系统！ \n"); exit(0);        break;
        default: printf("\n\t\t 输入错误，请重新选择！ ");
        }
    }
    return 0;
}


// 函数功能：显示欢迎界面
void welcome()
{   system("cls");
    printf("\n\t\t||===================================||");
    printf("\n\t\t||-----------------------------------||");
    printf("\n\t\t||------------   Welcome   -----------||");
    printf("\n\t\t||------------ use bus traffic -----------||");
    printf("\n\t\t||--------------   card   ------------||");
    printf("\n\t\t||-----------------------------------||");
    printf("\n\t\t||===================================||");
    Sleep(2000);
}


// 函数功能：显示菜单界面
void menu()
{   system("cls");
    printf("\n");
    printf("\n\t\t|-----------------------------------|");
    printf("\n\t\t|------------Please input (0~7)-----------|");
    printf("\n\t\t||-----------------------------------|");
    printf("\n\t\t|            1. 创建文件            |");
    printf("\n\t\t|            2. 显示信息            |");
    printf("\n\t\t|            3. 注销旧卡            |");
    printf("\n\t\t|            4. 添加新卡            |");
    printf("\n\t\t|            5. 坐车刷卡            |");
    printf("\n\t\t|            6. 卡内续钱            |");
    printf("\n\t\t|            7. 统计数据            |");
    printf("\n\t\t|            0. 退出系统            |");
    printf("\n\t\t|-----------------------------------|");
    printf("\n\t\t\t");
```

```
}

// 函数功能：创建文件
void create(int cnum[N],char pname[N][10],double cmoney[N],int stu[N],int flag[N],int *num)
{   char choose='y';
    int i=0;

    while(choose=='Y' || choose=='y')
    {   system("cls");
        cnum[i]=i+1;
        printf("\n\t 请输入用户名 :");
        scanf("%s",pname[i]);
        printf("\n\t 卡内存多少钱？ ");
        scanf("%1f",&cmoney[i]);
        printf("\n\t 是学生吗（0: 不是 / 1: 是）？ ");
        scanf("%d",&stu[i]);
        flag[i]=0;                              // 卡能正常使用
        i++;
        if(i<N)
            do
            {   printf("\n\t 继续添加用户吗（y 或 Y: 继续，n 或 N: 停止）？ ");
                scanf(" %c",&choose);
            } while(choose!='Y' && choose!='y' && choose!='N' && choose!='n');
        else
        {   printf("\t 数据库已满 \n");  break; }

    }
    *num=i;
}

// 函数功能：显示没被注销的全部记录
void displayall(int cnum[N],char pname[N][10],double cmoney[N],int stu[N],int flag[N],int num)
{   int i=0;

    system("cls");
    printf("\n|-----------|-----------|------------|-----------|");
    printf("\n|    卡号    |   用户名   |  卡内余额   |  乘客信息  |");
    for(i=0;i<num;i++)
    {   if(flag[i]==0)                          // 如果该卡没被注销,则显示该卡信息
```

```
            {   printf("\n|-----------|----------|-----------|----------|");
                printf("\n|    %5d    |   %8s   |   %7.2lf  |    %3d    |",
                        cnum[i],pname[i],cmoney[i], stu[i]);
            }
        }
    printf("\n|-----------|----------|-----------|----------|");
    printf("\n\n   说明：乘客信息为 1 表示学生卡，否则为成人卡。\n");
    getch();
}


// 函数功能：注销旧卡
void logout(int cnum[N],char pname[N][10],double cmoney[N],int stu[N],int flag[N],int *num)
{   int symbol=0,i=0,cardnumber=0;
    char choose='\0';

    printf("\n\t 请输入用户卡号：");
    scanf("%d",&cardnumber);
    for(i=0;i<*num;i++)
        if(cnum[i]==cardnumber && flag[i]!=1)
        {   symbol=1; break; }
    if(symbol==0)                                          // 没找到卡
        printf("\n\t 无效卡。\n");
    else                                                   // 找到该卡
    {   do
        {   printf("\n\t 确实注销 %d 号卡吗（y 或 Y: 注销，n 或 N: 不注销）?",cardnumber);
            scanf(" %c",&choose);
        } while(choose!='Y' && choose!='y' && choose!='N' && choose!='n');
        if(choose=='Y' || choose=='y')
        {   printf("\n\t 请退还 %0.2lf 元。\n",cmoney[i]);
            getch();
            cmoney[i]=0;
            flag[i]=1;
            printf("\t 注销旧卡成功！\n");
        }
        else
            printf("没有注销,操作终止 \n");
    }
    getch();
}
```

// 函数功能：添加新卡

```
void addnew(int cnum[N],char pname[N][10],double cmoney[N],int stu[N],int flag[N],int *num)
{   int i=0,symbol=0;

    for(i=0;i<*num;i++)          // 寻找是否有被注销的卡，flag==1 表示被注销
        if(flag[i]==1)
        {   symbol=1;          break;}
    if(symbol==0)
    {   (*num)++;              // 如果没有被注销,总人数加 1
        if(*num>N)
        {   printf("\n 数据库已满 \n"); exit(0); }
    }
    cnum[i]=i+1;
    printf("\n\t 请输入用户名 :");
    scanf("%s",pname[i]);
    printf("\n\t 卡内存多少钱？ ");
    scanf("%lf",&cmoney[i]);
    printf("\n\t 是学生吗（0: 不是 / 1: 是）？ ");
    scanf("%d",&stu[i]);
    flag[i]=0;
    printf("\t 添加新卡成功！ \n");
    getch();
}
```

// 函数功能：坐车刷卡

```
void readcard(int cnum[N],char pname[N][10],double cmoney[N],int stu[N],int flag[N],int num)
{   int symbol=0,i=0,cardnumber=0;
    double ticket=0;

    printf("\n\t 请输入用户卡号 : ");
    scanf("%d",&cardnumber);
    for(i=0;i<num;i++)
        if(cnum[i]==cardnumber && flag[i]!=1)
            {   symbol=1;  break;   }
    if(symbol==0)                    // 没找到卡
    {   printf("\n\t 无效卡,请付现金 1 元。\n");
        getch();
    }
    else                             // 找到该卡
```

```
    {   if(stu[i]==1)                        //学生卡
            ticket=0.5;
        else
            ticket=1;                        //成人卡
        if(cmoney[i]>=ticket)                //卡内余额是否够本次乘车的车票钱
        {   cmoney[i]=cmoney[i]-ticket;
            printf("\t 扣除 %.21f 元,余额是 %.21f 元。\n",ticket,cmoney[i]);
            getch();
        }
        else                                 //卡内余额不够车票钱时,提示用户支付现金
        {   printf("\n\t 余额不足,请付现金 1 元。\n");
            getch( );
            return;
        }
    }
}


// 函数功能：卡内续钱
void savemoney(int cnum[N],char pname[N][10],double cmoney[N],int stu[N],int flag[N],int
    num)
{   int cardnumber=0,cardmoney=0,symbol=0,i=0;

    printf("\n\t 请输入用户卡号：");
    scanf("%d",&cardnumber);
    for(i=0;i<num;i++)
        if(cnum[i]==cardnumber && flag[i]!=1)
        {   symbol=1;  break; }
    if(symbol==0)                            //没找到卡
        printf("\n\t 无效卡。");
    else                                     //找到该卡
    {   do
        {   printf("\n\t 请输入续钱金额：");
            scanf("%d",&cardmoney);
            if(cardmoney<=0)
                printf("\n\t 输入错误,请再输入一次：");
            else   break;
        } while(1);
        cmoney[i]=cmoney[i]+cardmoney;
        printf("\n\t 续钱成功,卡内余额是 %.2lf 元。\n",cmoney[i]);
```

```
    }
    getch();
}


// 函数功能：计算所有用户的余额总和、有效卡数、学生卡数和成人卡数
void total(int cnum[N],char pname[N][10],double cmoney[N],int stu[N],int flag[N],int num)
{   int i=0,user=0,student=0,adult=0;
    double sum=0;

    for(i=0;i<num;i++)
    {   sum=sum+cmoney[i];
        if(flag[i]==0)
        {   user++;
            if(stu[i]==1)
                student++;
            else
                adult++;
        }
    }
    printf(" 余额总和：%.21f,有效卡数为:%d,学生卡数为:%d,成人卡数为:%d。\
        n",sum,user,student,adult);
    getch();
}
```

本实例使用函数完善了 4.4 节的程序，但由于用户的五个信息用五个数组实现，传递的参数多，而且在各参数之间体现不出它们之间的内在联系。在 7.4 节将使用结构体可以完善此程序。

6.6　本 章 总 结

1．函数的定义

C 语言中自编函数定义的一般形式是：

类型名 函数名 (类型名 形参 1, 类型名 形参 2, ...)
{   定义变量部分
    功能语句部分

}

函数的类型名给出该函数通过 return 返回值的数据类型。如果没有返回值，则将函数的类型定义为 void 类型；若返回值的类型为 int,则可省略不写。

形参前面的类型名指定该形参的数据类型，对于多个形参，必须一一指定每个形参的数据类型。函数也可以没有形参，但函数名后的括号必须有。形参是变量，定义函数时形参没有确定的值，只有当其他函数调用该函数时才能得到具体的值。

2. 函数的调用

调用函数的一般形式是：

函数名（实参 1，实参 2，...）

其中，实参与形参之间必须个数相等、类型一致，实参可以是常量、有确定值的变量或表达式。调用函数时，实参将值传给对应的形参。

函数可以嵌套调用，既可以被其他函数调用，也可以调用其他函数。

3. 函数原型说明

函数原型说明的一般形式是：

类型名 函数名（类型名 形参 1，类型名 形参 2，...）;

一般函数的原型说明写在程序的开头，当有多个函数时，其说明无先后顺序。如果函数的定义在主调函数之前，则对该函数可以不进行说明。

4. 变量的地址作为实参

以变量的地址作为实参调用函数时，被调函数的形参必须是可以接受地址值的指针变量，而且基类型相同。此时在被调函数中可以通过形参间接访问实参所代表的存储单元，以此方法改变主调函数中相应变量（实参）的值。

5. 数组在函数间的传递

向函数传递数组时，通常将数组的首地址（即数组名）作为实参，此时对应的形参必须为基类型相同的指针变量。该指针被赋予数组的首地址后，通过形参间接访问数组中各元素。当数组名作为实参时，形参也可以采用数组的形式（如 int p[N]），在函数中可以使用下标形式表示指针所指向的存储单元（如 p[0]）。

6. 内部变量和外部变量

按照变量的作用域分为内部变量和外部变量。在所有函数外部定义的变量是外部变量，其有效范围从变量定义的位置开始到整个程序的结束。在函数体（或复合语句）内部定义的变量是内部变量，其有效范围只在定义的函数（或复合语句）范围内，离开此函数（或复合语句）该变量就不存在了。

7. 动态存储变量和静态存储变量

按照变量的生存周期分为动态存储变量和静态存储变量。用关键字 auto（可以省略）声明的变量为动态存储变量，此类变量只有在函数调用时才被分配存储单元，一旦调用结束，立即释放存储单元，因此其值在退出函数时是不被保留的。用关键字 static 声明的变量为静态存储变量，该类变量在整个程序的运行期间，始终占有固定的存储单元，即使退出函数它们所占用的存储单元也不释放，再次进入该函数时，仍使用原来的存储单元，因此静态存储变量的值是被保留的，直到整个程序结束时才被释放。

8. 文件包含

所谓文件包含,是指在一个 C 源文件中将另一个文件的全部内容包含进来的处理过程,这一过程是通过 #include 命令完成的。事实上,在编写程序时,一直在使用文件包含命令,如为了实现输入 / 输出功能需要包含系统提供的头文件 stdio.h,在程序的开头会用命令 #include <stdio.h> 将该头文件包含进来。能够用作包含的文件并不限于系统所提供的头文件(如 stdio.h、string.h、math.h 等),还可以包括用户自己编写的文件。例如,假设已将如下求 *n*! 的函数代码保存在文件 d:\myfile.h 中:

```c
float fac(int n)
{   int i=0;
    float f=1.0;

    for(i=1; i<=n; i++)
        f=f*i;
    return f;
}
```

则可通过如下代码求 8! 的值。

```c
#include <stdio.h>
#include <d:\myfile.h>              // 包含 d 盘上自己编写的文件 myfile.h
int main(void)
{   float s=0;

    s=fac(8);
    printf("s=%.0f\n",s);           // 输出 8! 的值,即 s=40320
    return 0;
}
```

还可通过如下代码求 1!+2!+…+8! 的值。

```c
#include <stdio.h>
#include <d:\myfile.h>              // 包含 d 盘上自己编写的文件 "myfile.h"
int main(void)
{   float s=0;
    int i=0;

    for(i=1; i<=8; i++)
        s=s+fac(i);
    printf("s=%.0f\n",s);           // 输出 1!+2!+…+8! 的值,即 s=46233
    return 0;
}
```

由此可以看到文件包含命令非常有用,它可以将一些常有的算法处理（如排序、求阶乘、最值等）保存在文件中,当要用到这些算法时,只需在当前文件中包含相关的文件即可。这样做的好处是大大节省了程序设计人员的时间和精力,避免了重复劳动。文件包含命令的常用格式如下:

#include < 文件名 >

其中,文件名包括路径,若省略路径,则表示当前文件夹中的文件。

要包含的文件扩展名不一定就是 “.h”,也可以使用 “.txt” 或 “.dat” 等,但因为这些文件被称为 “头（head）文件”,所以常用 “.h”。

思 考 题

1. 编写函数时,实参和形参经常同名,有人说这是为了节省存储空间,对吗? 为什么?

2. C 语言中所有函数（包括主函数）都可以被其他函数调用,也可以自身调用。对不对? 为什么?

3. C 语言中实参与形参有怎样的对应关系? 在什么情况下可用形参改变实参的值? 试举例说明。

4. 若在主程序中有以下程序段,则函数 fun( ) 的首部有几种可能的形式? 请分别写出。

```
int a[30],s=0;
s=fun(a);
```

5. 运行以下程序,输出的 a 和 b 的值相同吗? 为什么? 如将函数 fun( ) 中的变量 k 定义为静态变量,结果又如何? 请分析原因。

```
#include <stdio.h>
int fun();
int main(void)
{   int a=0,b=0;

    a=fun();
    b=fun();
    printf("a=%d,b=%d\n",a,b);
    return 0;
}

int fun()
{   int k=1;
```

```
    k=k*3;
    return k;
}
```

上 机 练 习

1．编写名为 isprime( ) 的函数，函数的功能是判断一个数是否为素数，如是素数，返回 1，否则返回 0。在主函数中输入一个数字 k，调用 isprime( ) 函数判断 k 是否为素数并输出相关信息。

2．编写函数计算形参 m 与 n 的和与差。在主函数中完成输入与输出。

3．在主函数中输入三个整数，编写函数求出这三个数中的最大值、最小值和平均值，要求在主函数中输出。

4．函数 fun 的功能是求 $1+2+\cdots+n$ 的和。编写程序调用 fun( ) 函数计算 $s=1+\dfrac{1}{1+2}+\dfrac{1}{1+2+3}+\cdots+\dfrac{1}{1+2+3+\cdots+n}$ （n 在主函数中输入）。当 $n=10$ 时，$s=1.818182$。

5．编写函数将数组 a（假定有 10 个元素）中的所有元素的值均扩大 2 倍。在主函数中调用输出函数输出数组 a 的原值和扩大后的值。

6．函数 fun1( ) 的功能是求 $1\sim n$（$n\leqslant1000$）能被 7 或 11 整除的数，并将这样的数放在数组 a 中，统计一共有多少个这样的数在主函数中输出（n 的值由主函数输入）。函数 fun2( ) 的功能是输出数组 a 中的数据。

7．编写函数将数组中的元素（假定有 10 个）按由大到小的顺序排序。调用函数输出排序前和排序后的数。

8．在主函数中输入一个整数 n，调用函数在给定的一维数组（假定有 10 个元素）中删除与 n 的值相同的元素，如果没找到，则显示没找到的信息。

9．将随机产生的 10 个数放在一维数组 a 中，编写函数将数组 a 中的所有奇数放在数组 b 中，并统计有多少个这样的数。要求调用同一个函数输出数组 a 和数组 b。

10．编写函数计算 $N\times N$（$N\geqslant3$）方阵中两条对角线上的所有元素之和。注意分析 N 为奇数或偶数时的不同情况。

11．编写函数查找 $M\times N$（$M\geqslant3$、$N\geqslant3$）矩阵中所有元素中的最大值以及该值所在的行号和列号。在主函数中输出相应结果。

自 测 题

1．以下程序运行后的输出结果是_____。

```
#include <stdio.h>
void fun(int a,int *b)
{   int x=8;
    a++; *b=a+x+*b;
}
```

```c
int main(void)
{   int a=2,b=6;
    fun(a,&b);
    printf("%d,%d\n",a,b);
    return 0;
}
```

2．以下程序的功能是，求数组 a 中的最大值。请填空。

```c
#include <stdio.h>
int fun(int *a,int n);
int main(void)
{   int a[10]={3,1,6,5,8,2,10,7,9,4},m;

        【1】   ;
    printf("%d\n",m);
    return 0;
}
int fun(int *a,   【2】   )
{   int i,m;

    m=a[0];
    for(i=1;i<n;i++)
        if(m<a[i])
            【3】   ;
        【4】   ;
}
```

3．以下程序的功能是，对一个已知数组 a，调用函数 in( ) 将键盘输入的数据存放在该数组中；调用函数 ave( ) 计算数组 a 中所有元素的平均值。请补充完整函数体。

```c
#include <stdio.h>
void in(int *p);
double ave(int *p);
int main(void)
{   int a[10]={0},i=0;
    double b=0.0;

    in(a);                          // 调用 in( ) 函数键盘输入 10 个数存放在数组 a 中
    for(i=0;i<10;i++)
        printf("%d ",a[i]);
    printf("\n");
```

```
        b=ave(a);                    // 调用 ave( ) 函数计算数组 a 所有元素的平均值
        printf(" 平均值：%lf\n",b);
        return 0;
    }
    void in(int *p)
    {
        在此补充完整函数 in( )
    }
    double ave(int *p)
    {
        在此补充完整函数 ave( )
    }
```

4. 编写程序,其功能是在主函数中通过键盘输入 x 的值,调用函数对 x 进行判断,如果 x 的值大于 0,返回 1 ; 否则返回 0,在主函数中输出返回信息。

自测题参考答案

1. 2,17

2.

【1】m=fun(a,10)

【2】int n

【3】m=a[i]

【4】return m

3.

函数 in( ) 的函数体：

```
int i=0;

for(i=0;i<10;i++)
    scanf("%d",&p[i]);
```

函数 ave( ) 的函数体：

```
int i=0,sum=0;

for(i=0;i<10;i++)
    sum=sum+p[i];
return sum/10.0;
```

4.

```
#include <stdio.h>
```

```c
int myfun(int x);
int main(void)
{    int x=0,k=0;

    printf("Enter the value of x:");
    scanf("%d",&x);
    k=myfun(x);
    if(k==1)
        printf("%d>0\n",x);
    else
        printf("%d<=0\n",x);
    return 0;
}
int myfun(int x)
{    if(x>0)
        return 1;
    else
        return 0;
}
```

第7章 结 构 体

学习目标

1. 掌握结构体类型的概念和声明结构体类型的方式。
2. 学会定义结构体类型变量。
3. 学会访问结构体类型成员。
4. 学会使用结构体类型编程处理实际问题。

7.1 了解结构体类型数据的使用场合

在前面所介绍的数据类型有 int 型、long 型、char 型、float 型和 double 型等,它们作为系统提供的基本数据类型,只能表示单一的信息。如定义"int a=0;",则在 a 中只能存放一个整型数。为了处理大批量的数据,我们又引进了数组的概念,如定义"int b[10]={0};",则数组 b 中可以存放 10 个数,但这些数必须是相同类型的数据(在此是整型数)。在日常生活中还经常需要处理包含多项不同数据类型信息的数据对象,如一个学生包含班级、学号、姓名、电话号码、成绩等信息;一张火车票包含车次、始发站、终点站、日期、开车时间、座号等信息。这类对象因所包含的信息数据类型不同,无法使用数组解决。这些信息相互间有密切的联系,为了不失去其整体性,不应把它们拆成多个独立的单个数据项,所以我们引进新的数据类型——结构体类型的概念。

结构体类型是编程者根据实际需要使用基本数据类型构造的一种新的数据类型,该类型能够把多个不同类型的信息作为一个整体,而且还能保留其完整性。

【讨论题 7.1】 在教室内需要使用结构体类型描述的实体有哪些?

7.2 掌握结构体变量的使用方法

我们知道变量经定义后就可使用,在程序中基本数据类型变量(如 int 型或 float 型)可以直接定义,这是因为系统已经提供这些数据类型,但结构体类型是编程者自己构造的新数据类型,因此先向系统声明一种结构体类型后,才能定义该结构体类型的变量。结构体类型的声明形式是:

struct 结构体名
{   类型名 成员 1;
     类型名 成员 2;
       ⋮

```
        类型名 成员 n;
    };
```

其中，struct 是关键字。

如要处理含有商品名、数量、单价和金额等信息的商品销售情况，可声明如下结构体类型：

```
struct goods
{   char goods_name[10];
    int quantity;
    float price;
    float total;
};
```

再如，要处理含有姓名、年龄和应发工资等信息的职工情况，可声明如下结构体类型：

```
struct workers
{   char name[20];
    int age;
    float pay;
};
```

> 💡**注意**：在一个程序中可以声明（即构造）多个结构体类型，各结构体类型由其结构体名区别。

【讨论题 7.2】 假设职工信息包括编号、姓名、性别、工龄、基本工资，为了存放某职工信息，应如何声明结构体类型？

7.2.1 使用结构体变量处理实际问题

在日常生活中做自我介绍时，经常说我的名字是 ××，我的工作单位是 ××，而向大家介绍别人时经常说他的名字是 ××，他的工作单位是 ××，等等。在这里用"的"表示领属关系。在 C 语言中若对上述结构体名为 workers 的两个工人"li"和"liu"描述姓名、年龄和应发工资，就用 li.name、li.age、li.pay 和 liu.name、liu.age、liu.pay 等形式。在这里"."是结构体成员运算符，其作用也表示领属关系。

【实例 7.1】 假设学生的信息包括姓名、性别和数学成绩。编写程序，为三名学生输入信息，并将其中成绩最高的学生的全部信息显示在屏幕上。

1．编程思路

由于学生的信息包括不同数据类型的多项信息，采用结构体类型较方便。本题中的结构体类型应包括三个成员，即姓名、性别和数学成绩。为了找出成绩最高的学生，只要比较表示数学成绩的成员大小即可。

2．程序代码

```
#include <stdio.h>
int main(void)
{    struct students                            // 声明名为 students 的结构体
     {    char name[10];                        // 第 1 个成员中将存放姓名
          char sex;                             // 第 2 个成员中将存放性别
          int score;                            // 第 3 个成员中将存放数学成绩
     };
     struct students s1={0},s2={0},s3={0},max={0};    // 定义四个结构体变量

     printf("Input data:\n");                         // 输入三个学生的信息
     scanf("%s %c%d",s1.name,&s1.sex,&s1.score);      // 注意在 %c 前面加了空格
     scanf("%s %c%d",s2.name,&s2.sex,&s2.score);
     scanf("%s %c%d",s3.name,&s3.sex,&s3.score);

     printf("All students are:\n");                   // 显示三个学生的信息
     printf("%13s%3c%4d\n",s1.name,s1.sex,s1.score);
     printf("%13s%3c%4d\n",s2.name,s2.sex,s2.score);
     printf("%13s%3c%4d\n",s3.name,s3.sex,s3.score);

     max=s1;                                          // 下面三行找出成绩最高的学生
     if(max.score<s2.score)  max=s2;
     if(max.score<s3.score)  max=s3;

     printf("The student is:\n");                     // 显示成绩最高的学生全部信息
     printf("%13s%3c%4d\n",max.name,max.sex,max.score);
     return 0;
}
```

3．运行结果

```
Input data:
liu f 78
li m 88
wang f 83
All students are:
          liu  f   78
           li  m   88
         wang  f   83
The student is:
           li  m   88
```

4．归纳分析

（1）声明结构体类型后，可以定义该结构体类型的变量，定义结构体变量的一般形式如下：

struct 结构体名 变量名 1, 变量名 2, ..., 变量名 n;

（2）定义结构体变量后系统才为该变量分配存储单元。

（3）结构体变量作为整体存放一个完整的信息，但使用时经常需要引用各成员，引用成员的形式如下：

变量名．成员名

如给结构体变量 a 的 score 成员赋值 80，可使用语句"a.score=80;"，给变量 a 的 sex 成员赋值"f"，可使用语句"a.sex='f';"，给 name 成员赋值"zhang"，使用语句"strcpy(a.name,"zhang");"，注意，不能使用"a.name="zhang""形式，因为成员 name 是数组名，参见实例 5.9。

（4）在输入/输出结构体变量成员时，根据该成员的数据类型选择格式说明符。本程序在输入姓名、性别、成绩时，格式说明符选用"%s %c%d"（%c 前面加一个空格）形式，其目的是保证所输入的姓名和性别能够隔开。

（5）在进行赋值操作时可以对结构体变量采用整体赋值的形式，如程序中的语句"max=s1;"，此语句相当于执行"strcpy(max.name,s1.name); max.sex=s1.sex; max.score=s1.score;"。

【实例 7.2】 改写实例 7.1，假设学生的信息包括姓名、性别和数学成绩。编写程序，给定三名学生信息，并用指针变量找出其中成绩最高的学生。

1．编程思路

定义结构体变量 s1、s2、s3 和能够指向结构体变量的指针变量 p。通过 p 也可访问它所指向的变量各成员，如当 p 指向 s1 时，可将成员 s1.score 表示为 (*p).score，因为 *p 相当于 s1 的别名。

2．程序代码

```
#include <stdio.h>
int main(void)
{   typedef struct students
    {   char name[10];
        char sex;
        int score;
    }STDTS;                    // 为结构体类型名 struct students 起新名字 STDTS
    STDTS s1={"liu",'f',78},s2={"li",'m',88},s3={"wang",'f',83};
    STDTS *p=&s1;              // 定义指针变量 p，并使 p 指向结构体变量 s1

    printf("All students are:\n"); // 显示三个学生的信息
    printf("%13s%3c%4d\n",(*p).name,(*p).sex,(*p).score);
```

```
        printf("%13s%3c%4d\n",s2.name,s2.sex,s2.score);
        printf("%13s%3c%4d\n",s3.name,s3.sex,s3.score);

        if(p->score<s2.score)  p=&s2;              // p->score 等价于 (*p).score
        if(p->score<s3.score)  p=&s3;              // 不能将 s3.score 写成 s3->score

        printf("The student is:\n");               // 显示成绩最高的学生全部信息
        printf("%13s%3c%4d\n",p->name,p->sex,p->score);
        return 0;
}
```

3. 运行结果

4. 归纳分析

（1）声明结构体类型时或在声明结构体类型后，若用 typedef 为该结构体类型给出新名字，则在定义结构体变量时可以使用新名字，为简化书写，此新名字一般用大写字母表示。以下写法和本程序中的写法等价。

```
struct students
{    char name[10];
     char sex;
     int score;
};
typedef struct students STDTS;
```

（2）初始化结构体变量时，应将所有成员的具体内容按顺序摆出，并用"{ }"括起。

（3）能够指向结构体变量的指针必须与该变量基类型相同。如执行语句"p=&s1;"后，p 指向存储单元 s1。

（4）当指针变量指向某结构体变量时，引用该结构体变量成员的方法有如下三种。

① 变量名 . 成员名。

② (* 指针变量名). 成员名。

③ 指针变量名 –> 成员名。

💡 注意：结构体成员运算符"."的优先级比间接运算符"*"高，所以在"(* 指针变量名). 成员名"中圆括号不能省略。

7.2.2 将结构体变量作为实参处理实际问题

【实例 7.3】 改写实例 7.1，假设学生的信息包括姓名、性别和数学成绩。编写程序，给定三名学生的信息，并调用函数找出其中成绩最高的学生。

1．编程思路

将三个结构体变量 s1、s2、s3 作为实参调用 max_abc( ) 函数，max_abc( ) 函数的功能是找出三名学生中数学成绩最高的学生，该函数的形参也应该是与实参 s1、s2、s3 类型相同的结构体类型。由于主函数和 max_abc( ) 函数中均要用到同一类型的结构体类型，所以声明该结构体类型的部分不应放在主函数内，而应放在程序的开头。

2．程序代码

```c
#include <stdio.h>
typedef struct students
{   char name[10];
    char sex;
    int score;
}STDTS;
STDTS max_abc(STDTS a,STDTS b,STDTS c);

int main(void)
{   STDTS s1={"liu",'f',78},s2={"li",'m',88},s3={"wang",'f',83},max={0};

    printf("All students are:\n");          // 显示三个学生的信息
    printf("%13s%3c%4d\n",s1.name,s1.sex,s1.score);
    printf("%13s%3c%4d\n",s2.name,s2.sex,s2.score);
    printf("%13s%3c%4d\n",s3.name,s3.sex,s3.score);

    max=max_abc(s1,s2,s3);                   // 调用函数找数学成绩最高的学生

    printf("The student is:\n");             // 显示成绩最高的学生全部信息
    printf("%13s%3c%4d\n",max.name,max.sex,max.score);
    return 0;
}

STDTS max_abc(STDTS a,STDTS b,STDTS c)
{   STDTS m={0};

    m=a;
    if(m.score<b.score)  m=b;
    if(m.score<c.score)  m=c;
    return m;
}
```

3．运行结果

```
All students are:
          liu  f  78
           li  m  88
         wang  f  83
The student is:
           li  m  88
```

4．归纳分析

（1）当需要在多个函数中使用同一结构体类型时，要在这些函数的上面（一般在程序的开头）声明该结构体类型。实际上，程序只包含主函数时，也经常将声明结构体类型的部分放在程序的开头。

（2）实参和形参的类型必须一致，如果将函数定义改写成如下形式。

```
void max_abc(STDTS a,STDTS b,STDTS c,STDTS *m)
{    *m=a;
     if(m->score<b.score)  *m=b;
     if(m->score<c.score)  *m=c;
}
```

应将主函数中 max_abc( ) 函数的调用语句"max=max_abc(s1,s2,s3);"改写为"max_abc(s1,s2,s3,&max);"（还要改函数原型说明）。

【讨论题 7.3】 若将实例 7.3 的功能改为调用函数交换两个学生的所有信息，程序应如何编写？

在实例 7.1 ～实例 7.3 中借助于结构体变量，通过三种不同的处理形式编程解决了同一问题，在实际编程中，编程者可以根据实际情况灵活选择问题的处理形式。同一问题可以有多种不同的解决方案，不同编程者解决同一问题的方案也不尽相同，因此编程初学者应尽可能自行设计问题的解决方案，并且注意比较不同解决方案之间的差别，从而持续发展自身的逻辑思维能力和程序设计能力。

7.3 掌握结构体数组的使用方法

若需要处理大量的结构体类型数据，经常采用结构体数组。

7.3.1 使用结构体数组处理实际问题

【实例 7.4】 改写实例 7.3，假设学生的信息包括姓名、性别和数学成绩。编写程序，为 100 名学生输入信息，并将其中成绩最高的学生的全部信息显示在屏幕上。

1．编程思路

由于需要处理的学生人数较多，所以采用结构体数组，该数组包括 100 个元素，每个元素的数据类型均是结构体类型。为了测试方便，将数组元素个数通过符号常量给出，而且暂定为 5，最后调试成功后，再把 5 改成 100，程序中其他地方则无须改动。

2．程序代码

```
#include <stdio.h>
#define N 5
typedef struct students
{   char name[10];
    char sex;
    int score;
}STDTS;

int main(void)
{   int i=0;
    STDTS s[N]={0},max={0};

    printf("Input data:\n");
    for(i=0; i<N; i++)
        scanf("%s %c%d",s[i].name,&s[i].sex,&s[i].score);

    printf("All students are:\n");
    for(i=0; i<N; i++)
        printf("%13s%3c%4d\n",s[i].name,s[i].sex,s[i].score);

    max=s[0];
    for(i=1; i<N; i++)
        if(max.score<s[i].score)  max=s[i];

    printf("The student is:\n");
    printf("%13s%3c%4d\n",max.name,max.sex,max.score);
    return 0;
}
```

3．运行结果

4．归纳分析

（1）声明结构体数组后，可以方便地引用每个元素的各成员，其引用形式如下：

数组名 [下标表达式]. 成员名

（2）为了满足题意，将符号常量 N 的值改为 100。

7.3.2 将结构体数组名作为实参处理实际问题

【实例 7.5】 改写实例 7.4，假设学生的信息包括姓名、性别和数学成绩。编写程序，为 100 名学生输入信息，并调用函数找出其中成绩最高的学生。

1．编程思路

实例 7.5 与实例 7.4 的不同之处是本实例调用函数实现。在实例 7.3 中调用函数时，将存放三个学生的变量均作为实参，若在本实例中也采用此方法，那么实参必须是 100 个，这是不可能的，因此在此将结构体数组名作为实参。定义函数时应注意，对应的形参应该是能够指向该结构体类型的指针变量。

2．程序代码

```
#include <stdio.h>
#define N 5                      // 调试成功后，再把 5 改成 100
typedef struct students
{   char name[10];
    char sex;
    int score;
}STDTS;
STDTS max_p(STDTS *p);

int main(void)
{   int i=0;
    STDTS s[N]={0},max={0};

    printf("Input data:\n");
    for(i=0; i<N; i++)
        scanf("%s %c%d",s[i].name,&s[i].sex,&s[i].score);

    printf("All students are:\n");
    for(i=0; i<N; i++)
        printf("%13s%3c%4d\n",s[i].name,s[i].sex,s[i].score);

    max=max_p(s);
    printf("The student is:\n");
```

```
        printf("%13s%3c%4d\n",max.name,max.sex,max.score);
        return 0;
    }

    STDTS max_p(STDTS *p)
    {   int i=0;
        STDTS m={0};

        m=p[0];
        for(i=1; i<N; i++)
            if(m.score<p[i].score)  m=p[i];
        return m;
    }
```

3．运行结果

（略）

4．归纳分析

（1）当指针变量指向结构体数组时，用指针带下标的形式引用了数组的每个元素，因其形式与采用数组名时的形式完全一致，所以不容易出错。

（2）在被调函数中，也可以采用指针移动的方法逐一访问每个数组元素。函数的代码可以改写如下：

```
    STDTS max_p(STDTS *p)
    {   STDTS m={0},*q=NULL;

        m=*p;
        for(q=p+1; q<p+N; q++)
            if(m.score<q->score)  m=*q;
        return m;
    }
```

【讨论题 7.4】 若将实例 7.5 中被调函数的功能改为找出数学成绩最高的学生后，返回该元素的下标值，程序应如何修改？

【实例 7.6】 改写实例 7.5，假设学生的信息包括姓名、性别和数学成绩。编写程序，在 100 名学生信息中，删除与指定姓名相同的学生信息。

1．编程思路

在主函数中将结构体数组名和要删除的学生姓名作为实参，调用删除函数。在删除函数中依次将结构体数组中的学生姓名与要删除的学生姓名进行比较，若含有要删除的学生姓名，则将其后的记录依次向前移动，返回余下的学生总数。

2. 程序代码

```
#include <stdio.h>
#include <string.h>
#define N 5                                  // 调试成功后，再把 5 改成 100
typedef struct students
{   char name[10];
    char sex;
    int score;
}STDTS;
int del_p(STDTS *q,char *a);


int main(void)
{   int i=0,irest=N;
    STDTS s[N]={0};
    char  delname[10]={'\0'};

    printf("Input data:\n");
    for(i=0; i<N; i++)
        scanf("%s %c%d",s[i].name,&s[i].sex,&s[i].score);

    printf("All students are:\n");
    for(i=0; i<N; i++)
        printf("%13s%3c%4d\n",s[i].name,s[i].sex,s[i].score);

    getchar();                               // 吃掉前面输入时的回车符
    printf("Input the name to be deleted:\n");
    gets(delname);

    irest=del_p(s,delname);                  // 返回所剩记录的个数
    printf("The rest after deleting:\n");    // 输出删除后的记录
    for(i=0; i<irest; i++)
        printf("%13s%3c%4d\n",s[i].name,s[i].sex,s[i].score);
    return 0;
}


int del_p(STDTS *q,char *a)
{   int i=0,j=0;

    for(i=0; i<N; i++)
```

```
            if(strcmp(q[i].name,a)==0)  break;          // 找到要删除的记录就退出
        if(i<N)
        {    for(j=i; j<N-1; j++)    q[j]=q[j+1];        // 将后面的记录向前移
             return N-1;
        }
        else return N;
    }
```

3. 运行结果

```
Input data:
liu f 78
li m 88
wang f 85
zhang f 69
sun m 73
All students are:
        liu   f   78
         li   m   88
       wang   f   85
      zhang   f   69
        sun   m   73
Input the name to be deleted:
zhang
The rest after deleting:
        liu   f   78
         li   m   88
       wang   f   85
        sun   m   73
```

4. 归纳分析

（1）程序中语句"q[j]=q[j+1];"相当于三条语句"strcpy(q[j].name,q[j+1].name); q[j].sex=q[j+1].sex; q[j].score=q[j+1].score;"。

（2）本程序只能删除一个记录,若要重复删除记录,可将程序修改如下：

```
#include <stdio.h>
#include <string.h>
#define N 5                              // 调试成功后,再把 5 改成 100
typedef struct students
{    char name[10];
     char sex;
     int score;
}STDTS;
int del_p(STDTS *q,char *a);

int main(void)
{    int i=0,irest=N;
     STDTS s[N]={0};
```

```
        char  delname[10]={'\0'};

        printf("Input data:\n");
        for(i=0; i<N; i++)
            scanf("%s %c%d",s[i].name,&s[i].sex,&s[i].score);

        printf("All students are:\n");
        for(i=0; i<N; i++)
            printf("%13s%3c%4d\n",s[i].name,s[i].sex,s[i].score);
        getchar();

        do
        {   printf("Input to be deleted,end with @\n");
            gets(delname);
            if(strcmp(delname,"@")==0)  break;
            else
            {   irest=del_p(s,delname);
                if(irest==0)
                {   printf("No record.Enter to end\n");
                    getchar();
                    break;
                }
                printf("The rest after deleting:\n");
                for(i=0; i<irest; i++)
                    printf("%13s%3c%4d\n",s[i].name,s[i].sex,s[i].score);
            }
        }while(1);
        return 0;
}

int del_p(STDTS *q,char *a)
{   int i=0,j=0;
    static int k=0;                         // 静态变量 k 用于统计删除记录数

    for(i=0; i<N-k; i++)
        if(strcmp(q[i].name,a)==0)  break;
    if(i<N-k)
    {   for(j=i; j<N-1-k; j++)   q[j]=q[j+1];
        k++;
    }
```

```
    else
        printf("There's not the name %s.\n",a);
    return N-k;                              // 返回余下的记录个数
}
```

程序中定义 k 为静态变量，其目的是每次调用删除函数时能够累加程序运行期间找到被删除记录的次数，静态变量在程序运行期间保持最近的赋值内容，直至程序结束运行时才被释放。

【实例 7.7】 改写实例 7.5，假设学生的信息包括姓名、性别和数学成绩。编写程序，在 100 名学生信息中的指定学生前插入一个新学生的信息。

1．编程思路

在主函数中将结构体数组名、插入位置和新学生信息作为实参，调用插入函数，依次将结构体数组中的学生姓名与新学生姓名进行比较，若含有该学生姓名，则将该学生记录与其后的记录依次向后移动，并在查到的位置前插入新记录，若没有该学生姓名，则在数组末尾插入新记录。

2．程序代码

```c
#include <stdio.h>
#include <string.h>
#define N 5                                  // 调试成功后,再把 5 改成 100
typedef struct students
{   char name[10];
    char sex;
    int score;
}STDTS;
void add_p(STDTS *q,char *a,STDTS w);

int main(void)
{   int i=0;
    STDTS s[N+1]={0},new={0};
    char  appointed[10]={'\0'};

    printf("Input data:\n");
    for(i=0; i<N; i++)
        scanf("%s %c%d",s[i].name,&s[i].sex,&s[i].score);

    printf("All students are:\n");
    for(i=0; i<N; i++)
        printf("%13s%3c%4d\n",s[i].name,s[i].sex,s[i].score);
    getchar();                               // 吃掉前面输入时的回车符
    printf("Input the appointed name:\n");
```

```
        gets(appointed);

        printf("Input the data to be added:\n");
        scanf("%s %c%d",new.name,&new.sex,&new.score);

        add_p(s,appointed,new);

        printf("The records after adding:\n");          // 输出插入记录后的信息
        for(i=0; i<N+1; i++)
            printf("%13s%3c%4d\n",s[i].name,s[i].sex,s[i].score);
        return 0;
}

void add_p(STDTS *q,char *a,STDTS w)
{    int i=0,j=0;

        for(i=0; i<N; i++)                               // 查找插入位置
            if(strcmp(q[i].name,a)==0) break;

        for(j=N-1; j>=i; j--)                            // 将后面的记录向后移
            q[j+1]=q[j];

        q[i]=w;                                          // 插入
}
```

3. 运行结果

```
Input data:
liu f 78
li m 88
wang f 85
zhang f 69
sun m 73
All students are:
        liu   f   78
         li   m   88
       wang   f   85
      zhang   f   69
        sun   m   73
Input the appointed name:
zhang
Input the data to be added:
du m 92
The records after adding:
        liu   f   78
         li   m   88
       wang   f   85
         du   m   92
      zhang   f   69
        sun   m   73
```

195

4．归纳分析

（1）插入前后的记录数不同，分别为 N 和 $N+1$。

（2）将插入位置后面的记录向后移时要先从数组最后的元素开始移动。

（3）本程序如果在 N 个学生中没有找到所输入的指定学生，则在所有学生的最后插入新学生信息。

【讨论题 7.5】　若在指定位置上插入记录，应如何修改本程序？

【实例 7.8】　改写实例 7.5，假设学生的信息包括姓名、性别和数学成绩。编写程序，将 100 名学生信息按数学成绩由高到低的顺序排序。

1．编程思路

在主函数中调用排序函数，在排序函数中按数学成绩对结构体数组元素进行排序。

2．程序代码

```c
#include <stdio.h>
#define N 5
typedef struct students
{   char name[10];
    char sex;
    int score;
}STDTS;
void sort_p(STDTS *q);

int main(void)
{   int i=0;
    STDTS s[N]={0};                          // 调试成功后，再把 5 改成 100

    printf("Input data:\n");
    for(i=0; i<N; i++)
        scanf("%s %c%d",s[i].name,&s[i].sex,&s[i].score);

    printf("All students are:\n");
    for(i=0; i<N; i++)
        printf("%13s%3c%4d\n",s[i].name,s[i].sex,s[i].score);

    sort_p(s);
    printf("The recornds after sorting:\n");     // 输出排序后的数组
    for(i=0; i<N; i++)
        printf("%13s%3c%4d\n",s[i].name,s[i].sex,s[i].score);
    return 0;

}
```

```
void sort_p(STDTS *q)
{   STDTS t={0};
    int i=0,j=0,k=0;

    for(i=0; i<N-1; i++)
    {   k=i;
        for(j=i+1; j<N; j++)
            if(q[k].score<q[j].score) k=j;
        t=q[i]; q[i]=q[k]; q[k]=t;
    }
}
```

3. 运行结果

```
Input data:
liu f 78
li m 88
wang f 85
zhang f 69
sun m 73
All students are:
        liu  f  78
         li  m  88
        wang  f  85
       zhang  f  69
         sun  m  73
The recornds after sorting:
         li  m  88
        wang  f  85
        liu  f  78
         sun  m  73
       zhang  f  69
```

4. 归纳分析

排序算法与实例4.5类似,所不同的是在本实例中,先比较 score 成员的大小,然后交换整个学生的信息。

从以上几个实例可以看出,结构体数组的处理方法和普通数组的处理方法类似。

7.4 贯穿教学全过程的实例——公交一卡通管理程序（6）

本节通过结构体完善 6.5 节中的各功能。涉及的知识点是三种基本结构、数组、指针、函数和结构体。

1. 功能描述

（1）程序开始运行时调用 welcome( ) 函数显示如图 1.11 所示的欢迎界面,延时 2

秒后，调用 menu( ) 函数显示如图 1.12 所示的菜单界面。

（2）在菜单中选择 1 至 7 之间的数字时，分别调用 create( )、displayall( )、logout( )、addnew( )、readcard( )、savemoney( ) 和 total( ) 函数实现创建数据、显示信息、注销旧卡、添加新卡、坐车刷卡、卡内续钱和统计数据等功能，再按任意键重新显示如图 1.12 所示的菜单界面。各函数的具体功能描述参见 6.5 节。本实例将存有一卡通数据信息的五个数组用含有五个成员的结构体数组代替。

（3）在菜单中选择 0 时，显示"谢谢使用本系统！"，按任何键退出系统。

（4）当输入非法选项时，显示"输入错误，请重新选择！"，按任意键重新显示如图 1.12 所示的菜单界面。

2．编程思路

声明一个包含五个成员的结构体类型，每个成员表示用户的卡号、用户名、余额、是不是学生的标志和是否被注销的标志。然后再定义该结构体类型的一个数组，传递参数时，实参是结构体类型的数组名，因此对应形参必须是基类型相同的指针变量。

3．程序代码

```c
#include <stdio.h>
#include <conio.h>
#include <stdlib.h>
#include <windows.h>
#define N 50                            // 用户最多 50 人

struct card
{   int cnum;                           // 记录卡号
    char pname[10];                     // 卡的用户名
    double cmoney;                      // 卡内余额
    int stu;                            // 非 1：成人卡；1：学生卡
    int flag;                           // 0：该卡正常使用；1：该卡被注销
};

typedef struct card CARD;

void welcome();
void menu();
void create(CARD us[N],int *num);
void displayall(CARD us[N],int num);
void logout(CARD us[N],int *num);
void addnew(CARD us[N],int *num);
void readcard(CARD us[N],int num);
void savemoney(CARD us[N],int num);
```

```
void statmax(CARD us[N],int num);
void total(CARD us[N],int num);


int main(void)
{   char choose='\0';
    CARD us[N]={0};                         // 存放卡的信息
    int num=0;                              // 存放实际用户数

    welcome();
    while(1)                                // 该循环只有一个出口：选择 0 才可以退出
    {   menu();
        scanf(" %c",&choose);
        switch(choose)
        {   case '1':     create(us,&num);          break;
            case '2':     displayall(us,num);       break;
            case '3':     logout(us,&num);          break;
            case '4':     addnew(us,&num);          break;
            case '5':     readcard(us,num);         break;
            case '6':     savemoney(us,num);        break;
            case '7':     total(us,num);            break;
            case '0':     printf("\t\t 谢谢使用本系统！\n"); exit(0);     break;
            default: printf("\n\t\t 输入错误,请重新选择！ ");
        }
    }
    return 0;
}


// 函数功能：显示欢迎界面
void welcome()
{   system("cls");
    printf("\n\t\t||=================================||");
    printf("\n\t\t||---------------------------------||");
    printf("\n\t\t||------------- Welcome ------------ ||");
    printf("\n\t\t||------------- use bus traffic  -----------||");
    printf("\n\t\t||-------------- card       -------------||");
    printf("\n\t\t||---------------------------------||");
    printf("\n\t\t||=================================||");
    Sleep(2000);
}
```

```
// 函数功能：显示菜单界面
void menu()
{   system("cls");
    printf("\n");
    printf("\n\t\t|----------------------------------|");
    printf("\n\t\t|--------------Please input (0-7)------------|");
    printf("\n\t\t|----------------------------------|");
    printf("\n\t\t|             1. 创建文件              |");
    printf("\n\t\t|             2. 显示信息              |");
    printf("\n\t\t|             3. 注销旧卡              |");
    printf("\n\t\t|             4. 添加新卡              |");
    printf("\n\t\t|             5. 坐车刷卡              |");
    printf("\n\t\t|             6. 卡内续钱              |");
    printf("\n\t\t|             7. 统计数据              |");
    printf("\n\t\t|             0. 退出系统              |");
    printf("\n\t\t|----------------------------------|");
    printf("\n\t\t\t");
}


// 函数功能：创建文件
void create(CARD us[N],int *num)
{   char choose='y';
    int i=0;

    while(choose=='Y' || choose=='y')
    {       system("cls");
            us[i].cnum=i+1;
            printf("\n\t 请输入用户名 :");
            scanf("%s",us[i].pname);
            printf("\n\t 卡内存多少钱？ ");
            scanf("%lf",&us[i].cmoney);
            printf("\n\t 是学生吗（0: 不是 / 1: 是）？ ");
            scanf("%d",&us[i].stu);
            us[i].flag=0;                                    // 卡能正常使用
            i++;
            if(i<N)
                do
                {   printf("\n\t 继续添加用户吗（y 或 Y: 继续，n 或 N: 停止）？ ");
```

```
                    scanf(" %c",&choose);
            }   while(choose!='Y' && choose!='y' && choose!='N' && choose!='n');
        else
            {   printf("\t 数据库已满 \n");   break;   }
    }
    *num=i;
}


// 函数功能：显示没被注销的全部记录
void displayall(CARD us[N],int num)
{   int i=0;

    system("cls");
    printf("\n|----------|----------|----------|----------|");
    printf("\n|    卡号    |   用户名   |  卡内余额  |  乘客信息  |");
    for(i=0;i<num;i++)
    {   if(us[i].flag==0)                 // 如果该卡没被注销,则显示该卡信息
        {   printf("\n|----------|----------|----------|----------|");
            printf("\n|   %5d   |   %8s   |   %7.2lf   |   %3d   |",
                        us[i].cnum,us[i].pname,us[i].cmoney,us[i].stu);
        }
    }
    printf("\n|----------|----------|----------|----------|");
    printf("\n\n   说明：乘客信息为 1 表示学生卡,否则为成人卡。\n");
    getch();
}


// 函数功能：注销旧卡
void logout(CARD us[N],int *num)
{   int symbol=0,i=0,cardnumber=0;
    char choose='\0';

    printf("\n\t 请输入用户卡号：");
    scanf("%d",&cardnumber);
    for(i=0;i<*num;i++)
        if(us[i].cnum==cardnumber && us[i].flag!=1)
        {   symbol=1; break;   }
    if(symbol==0)                          // 没找到卡
        printf("\n\t 无效卡。\n");
```

```
        else                          // 找到该卡
    {   do
        {   printf("\n\t 确实要注销 %d 号卡吗（y 或 Y: 注销，n 或 N: 不注销）?",
            cardnumber);
            scanf(" %c",&choose);
        } while(choose!='Y' && choose!='y' && choose!='N' && choose!='n');
        if(choose=='Y' || choose=='y')
        {   printf("\n\t 请退还 %0.2lf 元。\n",us[i].cmoney);
            getch();
            us[i].cmoney=0;
            us[i].flag=1;
            printf("\t 注销旧卡成功！\n");
        }
        else
            printf("没有注销,操作终止 \n");
    }

    getch();
}


// 函数功能：添加新卡
void addnew(CARD us[N],int *num)
{   int i=0,symbol=0;

    for(i=0;i<*num;i++)                // 寻找是否有被注销的卡，flag==1 表示被注销
        if(us[i].flag==1)
        { symbol=1;      break;}
    if(symbol==0)
    {   (*num)++;                      // 如果没有被注销的卡,总人数加 1
        if(*num>N)
        {   printf("\n 数据库已满 \n"); exit(0); }
    }
    us[i].cnum=i+1;
    printf("\n\t 请输入用户名 :");
    scanf("%s",us[i].pname);
    printf("\n\t 卡内存多少钱？ ");
    scanf("%lf",&us[i].cmoney);
    printf("\n\t 是学生吗（0: 不是 / 1: 是）？ ");
    scanf("%d",&us[i].stu);
```

```
    us[i].flag=0;
    printf("\t 添加新卡成功！ \n");
    getch();
}


// 函数功能：坐车刷卡
void readcard(CARD us[N],int num)
{   int symbol=0,i=0,cardnumber=0;
    double ticket=0;

    printf("\n\t 请输入用户卡号：");
    scanf("%d",&cardnumber);
    for(i=0;i<num;i++)
    if(us[i].cnum==cardnumber && us[i].flag!=1)
    { symbol=1; break; }
    if(symbol==0)                          // 没找到卡
    {   printf("\n\t 无效卡,请付现金 1 元。\n");
        getch();
    }
    else                                   // 找到该卡
    {   if(us[i].stu==1)                   // 学生卡
            ticket=0.5;
        else
            ticket=1;                      // 成人卡
        if(us[i].cmoney>=ticket)           // 卡内余额是否够本次乘车的车票钱
        {   us[i].cmoney=us[i].cmoney-ticket;
            printf("\t 扣除 %.2lf 元,余额是 %.2lf 元。\n",ticket,us[i].cmoney);
            getch();
        }
        else                               // 卡内余额不够车票钱时,提示用户支付现金
        {   printf("\n\t 余额不足,请付现金 1 元。\n");
            getch( );
            return;
        }
    }
}


// 函数功能：卡内续钱
void savemoney(CARD us[N],int num)
```

```
{    int cardnumber=0,cardmoney=0,symbol=0,i=0;

     printf("\n\t 请输入用户卡号：");
     scanf("%d",&cardnumber);
     for(i=0;i<num;i++)
         if(us[i].cnum==cardnumber && us[i].flag!=1)
         {    symbol=1;   break; }
     if(symbol==0)                                    // 没找到卡
         printf("\n\t 无效卡。");
     else                                             // 找到该卡
     {    do
         {    printf("\n\t 请输入续钱金额：");
             scanf("%d",&cardmoney);
             if(cardmoney<=0)
                 printf("\n\t 输入错，请再输入一次：");
             else
             break;
         } while(1);
         us[i].cmoney=us[i].cmoney+cardmoney;
         printf("\n\t 续钱成功，卡内余额是 %.2lf 元。\n",us[i].cmoney);
     }
     getch();
}


// 函数功能：计算所有用户的余额总和、有效卡数、学生卡数和成人卡数
void total(CARD us[N],int num)
{    int i=0,user=0,student=0,adult=0;
     double sum=0;

     for(i=0;i<num;i++)
     {    sum=sum+us[i].cmoney;
         if(us[i].flag==0)
         {    user++;
             if(us[i].stu==1)
                 student++;
             else
                 adult++;
         }
     }
     printf(" 余额总和：%.2lf,有效卡数为：%d,学生卡数为:%d,成人卡数为:%d。\
         n",sum,user,student,adult);
```

```
    getch();
}
```

　　本实例使用结构体后只定义一个数组就可以存放用户的五个信息,但还存在一些不足,如每次运行程序时,必须先选择 1 创建数据,这在 8.4 节使用文件可以完善。

7.5　本 章 总 结

1. 自己构造的数据类型

　　结构体类型是编程者自己构造的一种新的数据类型,C 语言允许构造的数据类型还有枚举类型、共用体等,由于篇幅有限,本书没有介绍其他构造类型。

2. 结构体类型

　　由于结构体类型是编程者自己构造的一种新的数据类型,使用前必须先声明其类型。声明结构体类型的一般形式如下：

```
struct 结构体名
{    类型名 成员 1;
     类型名 成员 2;
          ⋮
     类型名 成员 n;
};
```

定义结构体类型变量的一般形式如下：

struct 结构体名 变量名 1, 变量名 2, ..., 变量名 n;

如果声明结构体类型时使用如下形式。

```
typedef struct 结构体名
{        类型名 成员 1;
         类型名 成员 2;
              ⋮
         类型名 成员 n;
} 结构体类型名;
```

或用

```
struct 结构体名
{    类型名 成员 1;
     类型名 成员 2;
          ⋮
     类型名 成员 n;
```

```
};
typedef struct 结构体名 结构体类型名 ;
```

则定义变量时可采用如下形式。

```
结构体类型名 变量名 1, 变量名 2, …, 变量名 n;
```

3．结构体类型成员

结构体类型成员的表示形式如下：

变量名 . 成员名

(* 指针变量名). 成员名

指针变量名 -> 成员名

4．嵌套结构体类型

结构体类型成员也可以是另一个结构体类型，例如：

```
struct student                          // 定义学生信息结构体
{    char name[10];                     // 存放学生姓名
     int number;                        // 存放学生学号
};
struct score                            // 定义学生成绩结构体
{    struct student name_num;           // 用结构体变量存放姓名和学号
     int math;                          // 存放数学成绩
     int eng;                           // 存放英语成绩
     int computer;                      // 存放计算机成绩
};
```

这时若用"struct score list[40]={0};"定义学生成绩数组 list，则用 list[i].
name_num.name 形式引用成员 name（学生姓名），用 list[i].name_num.number 形式引
用成员 number（学号）。

5．结构体数组

在 C 语言中，具有相同类型的数据可以组成数组，同样，具有相同结构体类型的数
据也可以组成数组，每个数组元素均为同一类型的结构体变量。

结构体数组的一般定义形式如下：

struct 结构体名 数组名 [数组元素个数];

或

结构体类型名 数组名 [数组元素个数];

思 考 题

1. 结构体名、结构体成员名、结构体变量名能否重名？试运行下面的程序验证。

```c
#include <stdio.h>
int main(void)
{   struct a
    {   int a;
        int b;
    }a={50,90};
    printf("%6d%6d\n",a.a,a.b);
    return 0;
}
```

2. 下面两段程序的作用一样吗？试运行验证。由此得出的结论是什么？
程序1：

```c
#include <stdio.h>
int main(void)
{   typedef struct a
    {   int a;
        int b;
    }a;
    a a={50,90};
    printf("%6d%6d\n",a.a,a.b);
    return 0;
}
```

程序2：

```c
#include <stdio.h>
int main(void)
{   typedef struct a
    {   int a;
        int b;
    }A;
    A a={50,90};
    printf("%6d%6d\n",a.a,a.b);
    return 0;
}
```

3. 下面程序段中定义的结构体数组有几个元素？要输出第 3 组数据应使用的语句是什么？

```
typedef struct data
{    int b;
     int c;
}DA;
DA s[]={{1,10},{2,20},{3,30},{4,40}};
```

4. 若有下面的声明和定义：

```
struct student
{    char name[10];
     int number;
};
struct score
{    struct student name_num;
     int math;
     int eng;
     int computer;
};
struct score a={0},*p=NULL;
```

则执行语句"p=&a;"后引用 name 成员和 number 成员的方式各有哪些？

上 机 练 习

1. 为小学生出 6 道测试题，其题目和标准答案如表 7.1 所示。编写程序，依题号显示各题后，读入用户答案，比较其内容，若一致，输出 right；若不一致，输出 wrong，并输出正确答案（提示：使用结构体类型，成员包括 a、b、c、d，其中分别存放题目、标准答案、用户答案、正确性）。

表 7.1　小学数学测试题

题 号	题 目	标准答案	用户答案	正确性
1	10+20=	30		
2	10－5=	5		
3	40÷5=	8		
4	$3 \times 6 - 5=$	13		
5	$80 - 5 \times 12=$	20		
6	$9 \times 2 + 7=$	25		

2. 某单元各用户用电交费表如表 7.2 所示,每度电的单价为:0.488 元,编写程序,计算每户应交费用(提示:定义结构体类型数组,结构体类型的第一个成员用字符数组 number[6],其中存放房间号;第二个成员用 num1,其中存放上月表数;第三个成员用 num2,其中存放本月表数;第四个成员用 charge,其中存放应交费用)。

表 7.2　各用户用电交费表

房 间 号	1-101	1-102	1-201	1-202	1-301	1-302	1-401	1-402
上月表数/度	53	64	45	78	57	48	72	66
本月表数/度	82	78	66	98	88	75	100	97
应交费用/元								

3. 某商场 2020 年各部门各季度销售额如表 7.3 所示。编写程序,定义合适的结构体类型,计算该商场的季度销售总计和部门年销售总计,并输出。

表 7.3　2020 年各部门各季度销售额　　　　　　　　单位:万元

季　度	百货部销售额	家电部销售额	服装部销售额	季度销售总计
1 季度	612	1100	822	
2 季度	512	1089	780	
3 季度	509	987	872	
4 季度	623	881	911	
部门年销售总计				

4. 某组学生的成绩单如表 7.4 所示,编写程序,计算每门课程的最高分、最低分和平均分(见表 7.5)(要求:声明两个结构体类型)。

表 7.4　学生成绩单

学　号	姓　名	英语	数学	计算机	物理
202001	李　磊	84	76	76	90
202002	王　丽	97	77	62	68
202003	孙　浩	52	75	86	75
202004	赵　欣	33	86	66	90
202005	吴艳芳	81	87	85	81

表 7.5　课程分数统计

统计项	英语	数学	计算机	物理
最高分				
最低分				
平均分				

5. 某组学生的成绩单如表7.6所示,编写程序,输入五个学生的学号、姓名和四门课的成绩,计算每个学生的总分和平均分,并调用函数输出总分大于300分的学生记录。

表7.6　学生成绩单

学号	姓名	英语	数学	计算机	物理	总分	平均分

6. 使用表7.6所示的成绩单结构,编写程序,输入五个学生的学号、姓名和四门课的成绩,调用函数将学生记录按总分由低到高的顺序排序。

自 测 题

1. 以下程序运行后的输出结果是_____。

```c
#include <stdio.h>
struct cg
{   int n;
    int a[2];
    float r;
};
int main(void)
{   int i;
    struct cg x[3]={{1,{5,50},10.0},{2,{10,60},20.0},{3,{15,70},30.0}};

    for(i=0;i<3;i++)
    {   x[i].n=x[i].n*2;
        x[i].a[0]=x[i].a[0]*2;
        x[i].r=x[i].r*2;
    }
    printf("%d,%d,%f\n",x[0].n,x[1].a[0],x[2].r);
    return 0;
}
```

2. 以下程序的功能是输入结构体变量中各成员的值并输出。请填空。

```c
#include <stdio.h>
```

```
struct data
{    char  name[20];
     double f;
};
int main(void)
{    ___【1】___ std={0};

     scanf("%lf",&std.f);
     scanf("%s", ___【2】___  );
     printf("%s %lf" , ___【3】___ ,std.f) ;
     return 0;
}
```

3. 以下程序的功能是统计五个学生中数学和英语成绩均大于或等于60分的人数。请补充完整函数体。

```
#include <stdio.h>
struct st
{    int num;
     float m;                    // 存放数学成绩
     float e;                    // 存放英语成绩
};
int fun(struct st stu[]);
int main(void)
{    struct st stu[5]={0};
     int i,n;

     for(i=0;i<5;i++)
          scanf("%d%f%f",&stu[i].num,&stu[i].m,&stu[i].e);
     n=fun(stu);
     printf("n=%d\n",n);
     return 0;
}
int fun(struct st stu[])

     _____

{
```

4. 编写程序,输入五个学生的学号和成绩,输出第一名学生的学号和成绩。

自测题参考答案

1. 2,20,60.000000

2.

【1】 struct data

【2】 std.name

【3】 std.name

3.

```
int i,n=0;
for(i=0;i<5;i++)
    if(stu[i].m>=60 && stu[i].e>=60)
        n++;
return n;
```

4.

```
#include <stdio.h>
struct data
{   int  num;
    double score;
};
int main(void)
{   struct data std[5]={0};
    int i=0,max=0;

    for(i=0;i<5;i++)
    {   scanf("%d",&std[i].num);
        scanf("%lf",&std[i].score);
    }
    for(i=1;i<5;i++)
        if(std[max].score<std[i].score)
            max=i;
    printf("%d--%lf\n",std[max].num,std[max].score);
    return 0;
}
```

第8章 文　　件

学习目标

1．掌握文件的概念。

2．掌握文件的打开与关闭方法。

3．掌握文本文件的读／写方法。

4．了解二进制文件的读／写方法。

8.1　了解文件的处理过程

1．文件的概念

文件是指存储在外部介质（如磁盘）上的数据集合。我们对文件这一词不陌生，因为以前用 Word 字处理软件写出的文章、用 Excel 电子表格软件设计的统计表、用 C 语言编写的程序都作为文件存放在磁盘中。在磁盘中存放的文件叫作磁盘文件，本章只介绍磁盘文件。

2．文件的存储

根据文件的组织形式，C 语言中将文件分为文本文件和二进制文件，它们是常用的两种文件。

按文本文件存放数据时，每个字符占一个字节，且按其 ASCII 码值存储到文件中，所以读／写时系统还要转换，影响了传输效率，占用存储空间也较大，但因为文本文件不带任何格式，其中的内容可以通过 Windows 中的记事本等工具显示在终端屏上，所以直观、易理解。

按二进制文件存放数据时，其存放形式与数据在内存中的存储形式相同，所以不需要转换，因此提高了执行效率，还能节省存储空间。

例如，整数 123 在内存中的存储形式和按二进制文件存放形式均如图 8.1 所示，而按文本文件存放形式如图 8.2 所示。

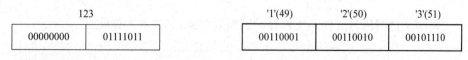

123			'1'(49)	'2'(50)	'3'(51)
00000000	01111011		00110001	00110010	00101110

图 8.1　内存中存储和按二进制文件存放形式　　　　　图 8.2　按文本文件存放形式

3．文件的处理

文件的处理必须包括打开文件、读或写文件、关闭文件这三个步骤。存放在磁盘上的文件最初与内存储器中文件缓冲区和数据存储区没有任何关系，如图 8.3 所示。

图 8.3　磁盘文件与内存储器的最初状态

打开文件时磁盘文件与文件缓冲区取得联系，做好读或写文件的准备，如图 8.4 所示。

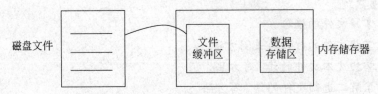

图 8.4　打开文件后磁盘文件与缓冲区取得联系

写文件的过程是将数据从内存储器输出到磁盘文件的过程，此过程分两步完成，即先将数据存储区中的数据传送到文件缓冲，等待文件缓冲区满后，再把缓冲区中的数据写入磁盘中，如图 8.5 所示。

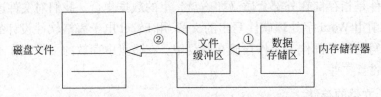

图 8.5　分两步完成的写文件过程

读文件的过程与写文件的过程相反，是从磁盘读入数据到内存储器的过程，此过程也分两步完成，即先将磁盘中的一批数据读入文件缓冲区，再从缓冲区取出数据后送到数据存储区，如图 8.6 所示。

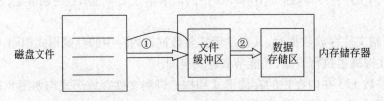

图 8.6　分两步完成的读文件过程

关闭文件时磁盘文件与文件缓冲区断开联系，如图 8.7 所示。

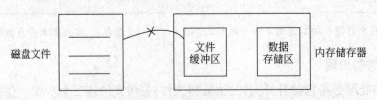

图 8.7　关闭文件后磁盘文件与内存储器毫无联系

4．文件指针

在 C 语言中，打开文件（磁盘文件与文件缓冲区取得联系）和关闭文件（磁盘文件与文件缓冲区断开联系）的操作都通过文件指针实现。文件指针是能够指向特殊结构体类型（即 FILE 类型）的指针，FILE 类型已由系统在头文件 stdio.h 中声明，该类型中存放的是处理文件时的有关信息。

8.2　掌握文件的基本操作本领

8.2.1　创建文本文件

【实例 8.1】　编写程序，输入三种商品的品名、购买数量和单价，并用这些数据创建名为 f8_1.txt 的文本文件。

1．编程思路

创建名为 f8_1.txt 的文本文件就是要将数据按文本文件的模式写到文件 f8_1.txt 中。创建文件的操作步骤分打开文件、写文件和关闭文件，而这些操作均调用系统提供的函数实现。例如，打开文件用 fopen( ) 函数，关闭文件用 fclose( ) 函数，写文件用 fprintf( )、fputc( )、fputs( ) 或 fwrite( ) 等函数。

2．程序代码

```c
#include <stdio.h>
int main(void)
{   char nam[10]="\0";
    int n=0,i=0;
    float pc=0.0;
    FILE *fp=NULL;                            // 定义文件指针

    fp=fopen("d:\\f8_1.txt","w");             // 打开文件并使文件指针指向它
    if(fp==NULL)
    {   printf("Open error!!!\n");
        exit(0);                              // 结束整个程序的运行
    }

    printf("Input name_number_price:\n");
    for(i=1; i<=3; i++)
    {   scanf("%s %d %f",nam,&n,&pc);
        fprintf(fp,"%s %d %f\n",nam,n,pc);    // 将数据写到文件
    }
    fclose(fp);                               // 关闭文件
```

```
    return 0;
}
```

3. 运行结果

```
Input name_number_price:
QianBi 5 2.5
BiJiBen 3 6.3
GangBi 1 35.80
```

4. 归纳分析

（1）在程序中只要对文件进行操作都必须先定义文件指针，文件指针类型要用大写字母。

（2）打开文件的同时要用一个文件指针指向该文件，否则将无法访问该文件。打开文件的一般形式如下：

文件指针名 =fopen(" 文件名 ", " 打开模式 ");

其中，文件名包括文件所在的全部路径，路径的分隔符 "\" 应采用转义字符的形式。例如，d 盘根目录下的文件 f8_1.txt 应写成 d:\\f8_1.txt。如果打开文件时不给出文件所在的路径，系统将默认该文件在当前文件夹内。

文件的打开模式中指定所要打开的文件的读 / 写方式，打开模式要用小写且用双引号括起。对于文本文件，为写而打开文件时可选用 "w" 或 "a" 等模式。如果选用 "w" 模式，则只能向该文本文件写信息。当指定的文件夹内不存在该文件时，系统将建立一个新文件，但如果该文件已存在，则重新写入数据，同时原有内容被覆盖。如果选用 "a" 模式，则可以向该文本文件追加信息。当指定的文件夹内不存在该文件时，建立新文件，如果该文件已存在，则将新数据写在原有数据的后面。

打开文件时会有打开失败的场合。例如，指定的路径或文件不存在、遇到磁盘坏或磁盘写满等，这时 fopen( ) 函数将返回一个空指针 NULL。为了及时反映文件是否打开成功，打开文件后应立即判断 fopen( ) 函数的返回值是否为 NULL，当其值为 NULL 时，应结束整个程序的运行，本程序中使用 exit( ) 函数实现。

（3）需要按指定格式写文本文件时，使用 fprintf( ) 函数，其一般形式如下：

fprintf (文件指针名 , 字符串);

或

fprintf (文件指针名 , 格式说明符 , 输出项表);

从形式上 fprintf( ) 与 printf( ) 函数相似，但它们的功能不同。fprintf( ) 函数将信息输出（即写）到磁盘文件中，而 printf( ) 函数将信息输出（即显示）到屏幕上。

因为 fprintf( ) 函数将数据写到文件中，所以本程序在屏幕上不显示输出结果，而只显示所输入的数据。若想观察文本文件中的数据，可借助于 Windows 中的记事本查看。

（4）关闭文件的一般形式如下：

fclose(文件指针名);

当文件的读/写操作结束后,必须把该文件关闭,否则有时会丢失数据。

8.2.2　读取文本文件中的数据

【实例8.2】　编写程序,从实例8.1所创建的文件f8_1.txt中读取数据计算购买每种商品所用的金额和购买三种商品所用的总金额。

1．编程思路

从文件f8_1.txt中读取数据时,要用文本文件模式,具体读文件的操作步骤分为:打开文件、读文件和关闭文件,而读文件用fscanf()函数。读文件时,由于事前不知道文件中有多少数据,每读一次就要判断是否读完所有数据,此操作通过feof()函数实现。

2．程序代码

```c
#include <stdio.h>
int main(void)
{    char nam[10]="\0";
     int n=0;
     float pc=0.0,s=0.0,sum=0.0;
     FILE *fp=NULL;

     fp=fopen("d:\\f8_1.txt","r");                      // 为读而打开文本文件
     if(fp==NULL)
     {    printf("Open error!!!\n");
          exit(0);                                       // 结束整个程序的运行
     }

     fscanf(fp,"%s %d %f",nam,&n,&pc);                   // 从文件读取一组数据
     while(feof(fp)==0)                                  // 当还有数据未读完时,继续读取
     {    printf("%17s%5d%9.2f",nam,n,pc);
          s=pc*n;                                        // 计算每种商品的金额
          sum=sum+s;                                     // 计算购买商品的总金额
          printf("%9.2f\n",s);
          fscanf(fp,"%s %d %f",nam,&n,&pc);
     }
     fclose(fp);
     printf("Total:%8.2f\n",sum);
     return 0;
}
```

3．运行结果

```
        QianBi    5     2.50    12.50
        BiJiBen   3     6.30    18.90
        GangBi    1    35.80    35.80
Total:   67.20
```

4．归纳分析

（1）对于文本文件，为读而打开文件可选用"r"模式，此时只能从该文件中读取信息。如果指定的文件夹不存在或该文件夹内不存在需打开的文件，则打开文件会失败，fopen( ) 函数将返回 NULL。

（2）需要按指定格式读文本文件时，使用 fscanf( ) 函数，其一般形式如下：

fscanf(文件指针名 , 格式说明符 , 输入项表);

fscanf( ) 与 scanf( ) 函数在形式上很相似，但它们的功能却不同。fscanf( ) 函数从磁盘得到（即读取）数据，而 scanf( ) 函数从键盘得到（即输入）数据。

一般用 fprintf( ) 函数写的文件使用 fscanf( ) 函数读取。

（3）feof( ) 函数用于判断文件是否读取结束。其一般格式如下：

feof(文件指针名)

按"r"模式打开文件后，从该文件读取数据时，自动从第 1 个数据开始顺序读取，但编程者必须控制使程序每读取一个数据，就判断是否读到文件尾部。如果已读到文件尾部，feof(fp) 的值为 1，否则为 0。

8.2.3　创建二进制文件

【实例 8.3】　编写程序，输入三种商品的品名、购买数量和单价，并用这些数据创建名为 f8_3.dat 的二进制文件。

1．编程思路

创建二进制文件时要将数据块作为一个单位写到文件中。本题中每种商品都包括品名、购买数量和单价，所以由品名、购买数量和单价构成一个数据块，其方法是声明一个结构体类型。写文件时用 fwrite( ) 函数。

2．程序代码

```
#include <stdio.h>
typedef struct goods
{       char nam[10];
        int n;
        float pc;
}GOODS;

int main(void)
{       GOODS g={0};
        int i=0;
        FILE *fp=NULL;

        fp=fopen("d:\\f8_3.dat","wb");              // 为写而打开二进制文件
```

```
if(fp==NULL)
{     printf("Open error!!!\n");
      exit(0);                                        // 结束整个程序的运行
}

printf("Input name_number_price:\n");
for(i=0; i<3; i++)
{     scanf("%s %d %f",g.nam,&g.n,&g.pc);
      fwrite(&g,sizeof(GOODS),1,fp);                  // 将数据写到二进制文件
}

fclose(fp);
return 0;
}
```

3．运行结果

```
Input name_number_price:
QianBi 5 2.5
BiJiBen 3 6.3
GangBi 1 35.80
```

4．归纳分析

（1）对于二进制文件，为写而打开文件时可选用"wb"或"ab"模式。如果选用"wb"模式，则只能向该二进制文件写信息。当指定的文件夹内不存在该文件时，系统将建立一个新文件，但如果该文件已存在，则重新写入数据，同时原有内容被覆盖。如果选用"ab"模式，则可以向该二进制文件追加信息。如果指定的文件夹内不存在该文件，建立新文件；如果该文件已存在，则将新数据写在原有数据后面。

（2）将数据块写到文件时，可使用 fwrite( ) 函数，其一般形式如下：

fwrite(数据块地址，数据块字节数，数据块个数，文件指针);

其中，数据块地址表示数据块所在的内存地址，数据块字节数表示该数据块所占字节数，数据块个数给定一次允许写的数据块个数，文件指针指定将数据块写到哪个文件中。

（3）程序中 sizeof( ) 函数是求所占字节数运算符，例如，sizeof(float) 的值为4，sizeof(char) 的值为1。需要注意的是，本程序中 sizeof(GOODS) 的值为20，计算结构体类型所占字节数时，涉及"对齐"概念，读者在此可以不用深究，感兴趣的读者可参考相关书籍。

8.2.4　读取二进制文件中的数据

【实例 8.4】　编写程序，从实例 8.3 所创建的文件 f8_3.dat 中读取数据计算购买每种商品所用的金额和购买三种商品所用的总金额。

1. 编程思路

从文件 f8_3.dat 中读取数据时，要用二进制文件模式，写文件时用 fread( ) 函数。

2. 程序代码

```
#include <stdio.h>
typedef struct goods
{   char nam[10];
    int n;
    float pc;
}GOODS;

int main(void)
{   GOODS g={0};
    float s=0.0,sum=0.0;
    FILE *fp=NULL;

    fp=fopen("d:\\f8_3.dat","rb");          // 为读而打开二进制文件
    if(fp==NULL)
    {   printf("Open error!!!\n");
        exit(0);                            // 结束整个程序的运行
    }

    fread(&g,sizeof(GOODS),1,fp);           // 从文件读取一个数据块
    while(feof(fp)==0)                      // 如果还有数据未读完,继续读取
    {   printf("%17s%5d%9.2f",g.nam,g.n,g.pc);
        s=g.pc*g.n;                         // 计算每种商品的金额
        sum=sum+s;                          // 计算购买商品的总金额
        printf("%9.2f\n",s);
        fread(&g,sizeof(GOODS),1,fp);       // 从文件读取下一个数据块
    }
    fclose(fp);
    printf("Total:%8.2f\n",sum);
    return 0;
}
```

3. 运行结果

```
          QianBi   5     2.50      12.50
         BiJiBen   3     6.30      18.90
          GangBi   1    35.80      35.80
Total:   67.20
```

4．归纳分析

（1）对于二进制文件，为读而打开文件可选用 rb 模式，此时只能从该文件中读取信息。

（2）需要按数据块形式读二进制文件时，使用 fread( ) 函数，其一般形式如下：

fread(数据块地址 , 数据块字节数 , 数据块个数 , 文件指针);

一般用 fwrite( ) 函数写的文件使用 fread( ) 函数读取。

8.3　文件的应用举例

8.3.1　编写算术考试程序

【实例 8.5】　编写程序,给小学生出四道 100 以内两个数的加法题,最后分别将题目与学生的答题结果和正确答案保存在 f8_5_1.txt 和 f8_5_2.txt 文件中。

1．编程思路

加法题的思路可参考实例 1.8。在同一时刻,一个文件指针只能指向一个文件,为了同时创建两个文件,需要定义两个文件指针。

2．程序代码

```
#include <stdio.h>
#include <stdlib.h>
#include <time.h>
int main(void)
{    int i=0,op1=0,op2=0,pupil=0,answer=0;
     FILE *fp=NULL,*fq=NULL;

     fp=fopen("d:\\f8_5_1.txt","w");
     if(fp==NULL)
     {    printf("Open \"f8_5_1.txt\" error!!!\n");
          exit(0);
     }

     fq=fopen("d:\\f8_5_2.txt","w");
     if(fq==NULL)
     {    printf("Open \"f8_5_2.txt\" error!!!\n");
          exit(0);
     }

     srand(time(0));
```

```
    for(i=1; i<=4; i++)                              // 重复四次,出 4 道题
    {    op1=rand()%100;
         op2=rand()%100;
         printf("%d+%d=",op1,op2);                   // 显示每道题
         scanf("%d",&pupil);                         // 得到学生答案
         answer=op1+op2;                             // 计算正确答案
         fprintf(fp,"%d %d %d\n",op1,op2,pupil);     // 保存学生做题信息
         fprintf(fq,"%d\n",answer);                  // 保存正确答案
    }
    fclose(fp);
    fclose(fq);
    return 0;
}
```

3. 运行结果

```
17+71=88
39+3=42
65+44=109
85+7=93
```

4. 归纳分析

（1）同时打开多个文件时,应分别判断是否每个文件均打开成功。

（2）只要知道两个加数和学生答案,就知道学生做题的信息,所以第 1 个文件只保存了这 3 项信息。

8.3.2　编写阅卷程序

【实例 8.6】　编写程序,对实例 8.5 中小学生所做的答案进行阅卷,每道题的分数为 25。

1. 编程思路

用读文件模式打开实例 8.5 中所建立的两个文件,并逐个比较学生答案和正确答案是否相等,只要两个答案相等,就对总分加 25 分。

2. 程序代码

```
#include <stdio.h>
int main(void)
{    int i=0,op1=0,op2=0,pupil=0,answer=0,total=0;
     FILE *fp=NULL,*fq=NULL;

     fp=fopen("d:\\f8_5_1.txt","r");
     if(fp==NULL)
     {    printf("Open \"f8_5_1.txt\" error!!!\n");
```

```
        exit(0);
    }

    fq=fopen("d:\\f8_5_2.txt","r");
    if(fq==NULL)
    {   printf("Open \"f8_5_2.txt\" error!!!\n");
        exit(0);
    }

    for(i=1; i<=4; i++)
    {   fscanf(fp,"%d %d %d",&op1,&op2,&pupil);          // 读取学生信息
        fscanf(fq,"%d",&answer);                          // 读取正确答案
        printf("%d+%d=%d  %d ",op1,op2,pupil,answer);
        if(pupil==answer)                                 // 若答案正确
        {   total=total+25;                               // 总分加 25 分
            printf("Right!\n");                           // 显示答案正确的信息
        }
        else  printf("Wrong!\n");                         // 显示答案错误的信息
    }
    fclose(fp);
    fclose(fq);
    printf ("total=%d\n",total);
    return 0;
}
```

3．运行结果

```
32+48=80   80 Right!
84+78=162  162 Right!
47+87=134  134 Right!
38+0=39   38 Wrong!
total=75
```

4．归纳分析

（1）若知道文件中包含的信息量,可以使用 for 循环简化操作,但如果事前不知道文件中包含的信息量,每读取信息就用 feof( ) 函数判断是否读取数据结束,这时用 while 循环方便。

（2）与实例 8.5 一样,对多个文件进行操作时,打开文件和关闭文件应分别进行。

8.3.3　复制文件

【实例 8.7】　编写程序,将实例 8.3 建立的文件 f8_3.dat 中的内容复制到文件 f8_7. dat 中。

C 语言程序设计（第 4 版）

1. 编程思路

复制文件的过程就是逐个读取一个文件中内容的同时,再写入另一个文件中,因此同时需要打开两个文件,分别由不同的文件指针指向。

2. 程序代码

```c
#include <stdio.h>
typedef struct goods
{    char nam[10];
     int n;
     float pc;
}GOODS;

int main(void)
{    GOODS g={0};
     FILE *fp=NULL,*fq=NULL;

     fp=fopen("d:\\f8_3.dat","rb");
     if(fp==NULL)
     {    printf("Open \"f8_3.dat\" error!!!\n");
          exit(0);
     }

     fq=fopen("d:\\f8_7.dat","wb");
     if(fq==NULL)
     {    printf("Open \"f8_7.dat\" error!!!\n");
          exit(0);
     }

     fread(&g,sizeof(GOODS),1,fp);
     while(feof(fp)==0)
     {    fwrite(&g,sizeof(GOODS),1,fq);
          fread(&g,sizeof(GOODS),1,fp);
     }
     fclose(fp);
     fclose(fq);
     retrun 0;
}
```

3．运行结果

无任何显示。

4．归纳分析

（1）若要同时打开多个文件时，要用多个文件指针，关闭时也要分别关闭。

（2）本程序在屏幕上不显示任何结果，因为将读取的数据立刻写到了另一个文件中。若要在屏幕上也显示，则在写入文件的语句后面加一条语句"printf("%17s%5d%9.2f\n",g.nam,g.n,g.pc);"即可。

8.3.4　调用函数修改文件中的内容

【实例 8.8】　编写程序，调用函数修改实例 8.3 建立的文件 f8_3.dat 中某商品的单价，商品名和单价由键盘输入。要求在修改文件前和修改文件后，都要在屏幕上显示文件中的所有数据。

1．编程思路

从文件 f8_3.dat 中逐个读取数据，同时存放到数组中，如果读取的是所输入商品名，则先将其单价更改后存放到数组中，最后将数组中的数据重新写入文件 f8_3.dat 中。

2．程序代码

```
#include <stdio.h>
typedef struct goods
{    char nam[10];
     int n;
     float pc;
}GOODS;
void mdf();

int main(void)
{
     mdf();
     return 0;
}

void mdf()
{    GOODS g[3]={0};
     char n[10]="";
     int i=0;
     float new_pc=0.0;
     FILE *fp=NULL;
```

```
fp=fopen("d:\\f8_3.dat","rb");
if(fp==NULL)
{       printf("Open error!!!\n");
        exit(0);
}

for(i=0; i<3; i++)                                      // 从文件中读取数据,同时显示在屏幕
{       fread(&g[i],sizeof(GOODS),1,fp);
        printf("%17s%5d%9.2f\n",g[i].nam,g[i].n,g[i].pc);
}
fclose(fp);

printf("Input name and new price:\n");                  // 输入商品名和新价格
scanf("%s %f",n,&new_pc);
for(i=0; i<3; i++)
        if(strcmp(g[i].nam,n)==0)  g[i].pc=new_pc;      // 如果有该商品,就修改价格

fp=fopen("d:\\f8_3.dat","wb");
if(fp==NULL)
{       printf("Open error!!!\n");
        exit(0);
}

for(i=0; i<3; i++)                                      // 修改后的数据写入文件,同时显示在屏幕上
{       fwrite(&g[i],sizeof(GOODS),1,fp);
        printf("%17s%5d%9.2f\n",g[i].nam,g[i].n,g[i].pc);
}
fclose(fp);
}
```

3. 运行结果

```
        QianBi     5      2.50
        BiJiBen    3      6.30
        GangBi     1     35.80
Input name and new price:
QianBi 3.6
        QianBi     5      3.60
        BiJiBen    3      6.30
        GangBi     1     35.80
```

4. 归纳分析

（1）本程序从文件读取数据的同时在屏幕上显示,此功能用语句“printf("%17s%

5d%9.2f\n",g[i].nam,g[i].n,g[i].pc);"实现。在写入文件时,同时需要在屏幕上显示数据,采用的方法与前所述相同。

（2）本程序对同一个文件进行了读和写操作,在这种场合必须在读操作完毕后关闭文件,然后重新按写的方式打开该文件进行写操作。

本章所介绍的文件都采用顺序读/写方式,即不管读还是写操作总是从文件的起始位置开始,向文件尾部顺序进行,直至文件结束。顺序读/写方式比较容易理解,但文件的读取效率较低,无论用户需要访问哪个记录,都要从该文件的第一个记录开始读取。

实际上 C 语言还提供随机读/写方式,该方式可以在指定的位置随机进行数据的读/写,限于篇幅,本书对随机读/写方式不做介绍。

8.4 贯穿教学全过程的实例——公交一卡通管理程序（7）

本节通过文件完善 7.4 节中的贯穿实例,完整地完成各功能。涉及的知识点是三种基本结构、数组、指针、函数、结构体和文件。

1. 功能描述

（1）程序开始运行时调用 welcome( ) 函数显示如图 1.11 所示的欢迎界面,延时 2秒后,调用 menu( ) 函数显示如图 1.12 所示的菜单界面。

（2）在菜单中选择 1 至 7 之间的数字时,分别调用 create( )、displayall( )、logout( )、addnew( )、readcard( )、savemoney( ) 和 total( ) 函数实现创建数据、显示信息、注销旧卡、添加新卡、坐车刷卡、卡内续钱和统计数据等功能,再按任意键重新显示如图 1.12 所示的菜单界面。各函数的具体功能描述参见 6.5 节。本实例将用户一卡通的数据信息存入一个文件中,并从该文件读取信息使用。

（3）在菜单中选择 0 时,显示"谢谢使用本系统!",按任何键退出系统。

（4）当输入非法选项时,显示"输入错,请重新选择!",按任意键重新显示如图 1.12 所示的菜单界面。

2. 编程思路

创建数据时,创建文本文件,然后从该文件中读取数据后实现其他相应功能。

3. 程序代码

```
#include <stdio.h>
#include <conio.h>
#include <stdlib.h>
#include <windows.h>
#define N 50                        //用户最多 50 人

struct card
{   int cnum;                       //记录卡号
```

```c
    char pname[10];                     // 卡的用户名
    double cmoney;                      // 卡内余额
    int stu;                            // 非 1：成人卡 ；1：学生卡
    int flag;                           // 0：该卡正常使用 ；1：该卡被注销
};

typedef struct card CARD;

void welcome();
void menu();
void create();
void displayall();
void logout();
void addnew();
void readcard();
void savemoney();
void total();

int main(void)
{   char choose='\0';

    welcome();
    while(1)                            // 该循环只有一个出口：选择 0 才可以退出
    {   menu();
        scanf(" %c",&choose);
        switch(choose)
        {   case '1': create();         break;
            case '2': displayall();     break;
            case '3': logout();         break;
            case '4': addnew();         break;
            case '5': readcard();       break;
            case '6': savemoney();      break;
            case '7': total();          break;
            case '0': printf("\t\t 谢谢使用本系统！ \n"); exit(0);      break;
            default: printf("\n\t\t 输入错误,请重新选择！ ");
        }
    }
    return 0;
```

```
}


// 函数功能：显示欢迎界面
void welcome()
{   system("cls");
    printf("\n\t\t||===================================||");
    printf("\n\t\t||-----------------------------------||");
    printf("\n\t\t||------------  Welcome   ------------||");
    printf("\n\t\t||------------ use bus traffic ----------||");
    printf("\n\t\t||-------------   card    ------------||");
    printf("\n\t\t||-----------------------------------||");
    printf("\n\t\t||===================================||");
    Sleep(2000);
}


// 函数功能：显示菜单界面
void menu()
{   system("cls");
    printf("\n");
    printf("\n\t\t|-----------------------------------|");
    printf("\n\t\t|-----------Please input (0-7)------------|");
    printf("\n\t\t|-----------------------------------|");
    printf("\n\t\t|              1. 创建文件              |");
    printf("\n\t\t|              2. 显示信息              |");
    printf("\n\t\t|              3. 注销旧卡              |");
    printf("\n\t\t|              4. 添加新卡              |");
    printf("\n\t\t|              5. 坐车刷卡              |");
    printf("\n\t\t|              6. 卡内续钱              |");
    printf("\n\t\t|              7. 统计数据              |");
    printf("\n\t\t|              0. 退出系统              |");
    printf("\n\t\t|-----------------------------------|");
    printf("\n\t\t\t");
}


// 函数功能：创建文件
void create()
{   CARD t={0};
    char choose='y';
    FILE *fp=NULL;
```

```c
fp=fopen("CardData.txt","w");
if(fp==NULL)
{    printf("\t\t 打开文件失败！\n"); exit(0);}

t.cnum=0;
while(choose=='Y' || choose=='y')
{    system("cls");
    t.cnum++;
    printf("\n\t 请输入用户名 :");
    scanf("%s",t.pname);
    printf("\n\t 卡内存多少钱？ ");
    scanf("%lf",&t.cmoney);
    printf("\n\t 是学生吗（0: 不是 / 1: 是）？ ");
    scanf("%d",&t.stu);
    t.flag=0;                              // 卡能正常使用

    fprintf(fp,"%d ",t.cnum);
    fprintf(fp,"%s ",t.pname);
    fprintf(fp,"%lf ",t.cmoney);
    fprintf(fp,"%d ",t.stu);
    fprintf(fp,"%d\n",t.flag);

    if(t.cnum<N)
        do
        {    printf("\n\t 继续添加用户吗（y 或 Y: 继续，n 或 N: 停止）？ ");
            scanf(" %c",&choose);
        } while(choose!='Y' && choose!='y' && choose!='N' && choose!='n');
    else
    {    printf("\t 数据库已满 \n");   break;  }
}
    fclose(fp);
}

// 函数功能：显示没被注销的全部记录
void displayall()
{    CARD t={0};
    int f=0;
    FILE *fp=NULL;
```

```
fp=fopen("CardData.txt","r");
if(fp==NULL)
{    printf("\t\t 打开文件失败！ \n"); exit(0);}

system("cls");
printf("\n|----------|----------|----------|----------|");
printf("\n|    卡号   |   用户名   |  卡内余额  |  乘客信息  |");
while(1)
{    f=fscanf(fp,"%d",&t.cnum);
     fscanf(fp,"%s",t.pname);
     fscanf(fp,"%lf",&t.cmoney);
     fscanf(fp,"%d",&t.stu);
     fscanf(fp,"%d",&t.flag);
     if(f==-1) break;
     if(t.flag==0)                          // 如果该卡没被注销,则显示该卡信息
     {    printf("\n|----------|----------|----------|----------|");
          printf("\n|   %5d   |   %8s   |   %7.2lf   |   %3d   |",
                    t.cnum,t.pname,t.cmoney,t.stu);
     }
}
printf("\n|----------|----------|----------|----------|");
printf("\n\n   说明：乘客信息为1表示学生卡,否则为成人卡。\n");
fclose(fp);
getch();
}


// 函数功能：注销旧卡
void logout()
{    CARD us[N]={0};
     int f=0,symbol=0,i=0,num=0,cardnumber=0;
     char choose='\0';
     FILE *fp=NULL;

     fp=fopen("CardData.txt","r");
     if(fp==NULL)
     {    printf("\t\t 打开文件失败！ \n"); exit(0);}

     while(1)
     {    f=fscanf(fp,"%d",&us[i].cnum);
```

```
        fscanf(fp,"%s",us[i].pname);
        fscanf(fp,"%lf",&us[i].cmoney);
        fscanf(fp,"%d",&us[i].stu);
        fscanf(fp,"%d",&us[i].flag);
        if(f==-1) break;                // 数据已读完
        i++;
    }
    fclose(fp);
    num=i;

    printf("\n\t 请输入用户卡号：");
    scanf("%d",&cardnumber);
    for(i=0;i<num;i++)
        if(us[i].cnum==cardnumber && us[i].flag!=1)
        {   symbol=1; break;}
    if(symbol==0)                       // 没找到卡
        printf("\n\t 无效卡。\n");
    else                                // 找到该卡
    {   do
        {   printf("\n\t 确实要注销 %d 号卡吗（y 或 Y: 注销，n 或 N: 不注销）?",
            cardnumber);
            scanf(" %c",&choose);
        } while(choose!='Y' && choose!='y' && choose!='N' && choose!='n');
        if(choose=='Y' || choose=='y')
        {   printf("\n\t 请退还 %0.2lf 元。\n",us[i].cmoney);
            getch();
            us[i].cmoney=0;
            us[i].flag=1;

            fp=fopen("CardData.txt","w");
            if(fp==NULL)
            {   printf("\t\t 打开文件失败！\n"); exit(0);}

            for(i=0;i<num;i++)          // 将数据依次写入文件
            {   fprintf(fp,"%d ",us[i].cnum);
                fprintf(fp,"%s ",us[i].pname);
                fprintf(fp,"%lf ",us[i].cmoney);
                fprintf(fp,"%d ",us[i].stu);
                fprintf(fp,"%d\n",us[i].flag);
```

```
        }
            printf("\t 注销旧卡成功！\n");
        }
        else
            printf(" 没有注销,操作终止 \n");
        fclose(fp);
    }
    getch();
}


// 函数功能：添加新卡
void addnew()
{   CARD us[N]={0};
    int i=0,f=0,num=0,symbol=0;
    FILE *fp=NULL;

    fp=fopen("CardData.txt","r");
    if(fp==NULL)
    {   printf("\t\t 打开文件失败！\n"); exit(0);}

    while(1)
    {   f=fscanf(fp,"%d",&us[i].cnum);
        fscanf(fp,"%s",us[i].pname);
        fscanf(fp,"%lf",&us[i].cmoney);
        fscanf(fp,"%d",&us[i].stu);
        fscanf(fp,"%d",&us[i].flag);
        if(f==-1) break;                    // 数据已读完
        i++;
    }
    fclose(fp);
    num=i;

    for(i=0;i<num;i++)                      // 寻找是否有被注销的卡，flag==1 表示被注销
        if(us[i].flag==1)
        { symbol=1;          break;}
    if(symbol==0)
    {   num++;                              // 如果没有被注销,总人数加 1
        if(num>N)
        {   printf("\t 数据库已满 \n"); exit(0); }
```

```
        }

        us[i].cnum=i+1;
        printf("\n\t 请输入用户名 :");
        scanf("%s",us[i].pname);
        printf("\n\t 卡内存多少钱？ ");
        scanf("%lf",&us[i].cmoney);
        printf("\n\t 是学生吗（0: 不是 / 1: 是）？ ");
        scanf("%d",&us[i].stu);
        us[i].flag=0;

        fp=fopen("CardData.txt","w");
        if(fp==NULL)
        {    printf("\t\t 打开文件失败！ \n"); exit(0);}

        for(i=0;i<num;i++)                  // 将数据依次写入文件
        {    fprintf(fp,"%d ",us[i].cnum);
             fprintf(fp,"%s ",us[i].pname);
             fprintf(fp,"%lf ",us[i].cmoney);
             fprintf(fp,"%d ",us[i].stu);
             fprintf(fp,"%d\n",us[i].flag);
        }
        fclose(fp);
        printf("\t 添加新卡成功！ \n");
        getch();
}

// 函数功能 : 坐车刷卡
void readcard()
{    CARD us[N]={0};
     int symbol=0,i=0,num=0,cardnumber=0,f=0;
     double ticket=0;
     FILE *fp=NULL;

     fp=fopen("CardData.txt","r");
     if(fp==NULL)
     {    printf("\t\t 打开文件失败！ \n"); exit(0);}

     while(1)
```

```
{       f=fscanf(fp,"%d",&us[i].cnum);
        fscanf(fp,"%s",us[i].pname);
        fscanf(fp,"%lf",&us[i].cmoney);
        fscanf(fp,"%d",&us[i].stu);
        fscanf(fp,"%d",&us[i].flag);
        if(f==-1) break;                          // 数据已读完
            i++;
}
fclose(fp);
num=i;


printf("\n\t 请输入用户卡号：");
scanf("%d",&cardnumber);
for(i=0;i<num;i++)
        if(us[i].cnum==cardnumber && us[i].flag!=1)   // 找到卡,并且没有被注销
        {  symbol=1;  break;  }
if(symbol==0)                                     // 没找到卡
{       printf("\n\t 无效卡,请付现金 1 元。\n");
        getch();
}
else                                              // 找到该卡
{   if(us[i].stu==1)                              // 学生卡
        ticket=0.5;
    else
        ticket=1;                                 // 成人卡
    if(us[i].cmoney>=ticket)                      // 卡内余额是否够本次乘车的车票钱
    {   us[i].cmoney=us[i].cmoney-ticket;
        printf("\t 扣除 %.2lf 元,余额是 %.2lf 元。\n",ticket,us[i].cmoney);
        getch();
    }
    else                                          // 卡内余额不够车票钱时,提示用户支付现金
    {   printf("\n\t 余额不足,请付现金 1 元。\n");
        getch();
        return;
    }

    fp=fopen("CardData.txt","w");
    if(fp==NULL)
    {   printf("\t\t 打开文件失败！\n"); exit(0);}
```

```
        for(i=0;i<num;i++)                    // 将数据依次写入文件
        {   fprintf(fp,"%d ",us[i].cnum);
            fprintf(fp,"%s ",us[i].pname);
            fprintf(fp,"%lf ",us[i].cmoney);
            fprintf(fp,"%d ",us[i].stu);
            fprintf(fp,"%d\n",us[i].flag);
        }
    }
    fclose(fp);
}


// 函数功能：卡内续钱
void savemoney()
{   CARD us[N]={0};
    int cardnumber=0,cardmoney=0,f=0,symbol=0,i=0,num=0;
    FILE *fp=NULL;

    fp=fopen("CardData.txt","r");
    if(fp==NULL)
    {   printf("\t\t 打开文件失败！ \n"); exit(0);}

    while(1)
    {   f=fscanf(fp,"%d",&us[i].cnum);
        fscanf(fp,"%s",us[i].pname);
        fscanf(fp,"%lf",&us[i].cmoney);
        fscanf(fp,"%d",&us[i].stu);
        fscanf(fp,"%d",&us[i].flag);
        if(f==-1) break;                       // 数据已读完
        i++;
    }
    fclose(fp);
    num=i;

    printf("\n\t 请输入用户卡号： ");
    scanf("%d",&cardnumber);
    for(i=0;i<num;i++)
        if(us[i].cnum==cardnumber && us[i].flag!=1)
        {   symbol=1;   break; }
```

```
if(symbol==0)                              // 没找到卡
    printf("\n\t 无效卡。");
else                                       // 找到该卡
{   do
    {   printf("\n\t 请输入续钱金额：");
        scanf("%d",&cardmoney);
        if(cardmoney<=0)
         printf("\n\t 输入错误，请再输入一次：");
        else
         break;
    } while(1);
    us[i].cmoney=us[i].cmoney+cardmoney;

    fp=fopen("CardData.txt","w");
    if(fp==NULL)
    {   printf("\t\t 打开文件失败！\n"); exit(0);}

        printf("\n\t 续钱成功，卡内余额是 %.2lf 元。\n",us[i].cmoney);
        for(i=0;i<num;i++)                 // 将数据依次写入文件
        {   fprintf(fp,"%d ",us[i].cnum);
            fprintf(fp,"%s ",us[i].pname);
            fprintf(fp,"%lf ",us[i].cmoney);
            fprintf(fp,"%d ",us[i].stu);
            fprintf(fp,"%d\n",us[i].flag);
        }
    }
    fclose(fp);
    getch();
}

// 函数功能：计算所有用户的余额总和、有效卡数、学生卡数和成人卡数
void total()
{   CARD t={0};
    int f=0,user=0,student=0,adult=0;
    double sum=0;
    FILE *fp=NULL;

    fp=fopen("CardData.txt","r");
    if(fp==NULL)
```

```
    {    printf("\t\t 打开文件失败！\n"); exit(0);}

    while(1)
    {    f=fscanf(fp,"%d",&t.cnum);
        fscanf(fp,"%s",t.pname);
        fscanf(fp,"%lf",&t.cmoney);
        fscanf(fp,"%d",&t.stu);
        fscanf(fp,"%d",&t.flag);
        if(f==-1) break;
        sum=sum+t.cmoney;
        if(t.flag==0)
        {    user++;
           if(t.stu==1)
               student++;
           else
               adult++;
        }
    }
    fclose(fp);
    printf(" 余额总和：%.2lf,有效卡数为：%d,学生卡数为：%d,成人卡数为：%d\n",sum,
        user,student,adult);
    getch();
}
```

至此，已经完成了贯穿实例的完整代码，但程序中建立的文件是文本文件，使用二进制文件还可以简化程序，代码如下：

```
#include <stdio.h>
#include <conio.h>
#include <stdlib.h>
#include <windows.h>
#define N 50                        // 用户最多 50 人

struct card
{    int cnum;                      // 记录卡号
    char pname[10];                 // 卡的用户名
    double cmoney;                  // 卡内余额
    int stu;                        // 非 1：成人卡；1：学生卡
    int flag;                       // 0：该卡正常使用；1：该卡被注销
};
```

```
typedef struct card CARD;

void welcome();
void menu();
void create();
void displayall();
void logout();
void addnew();
void readcard();
void savemoney();
void total();

int main(void)
{   char choose='\0';

    welcome();
    while(1)                             // 该循环只有一个出口：选择 0 才可以退出
    {   menu();
        scanf(" %c",&choose);
        switch(choose)
        {   case '1': create();          break;
            case '2': displayall();      break;
            case '3': logout();          break;
            case '4': addnew();          break;
            case '5': readcard();        break;
            case '6': savemoney();       break;
            case '7': total();           break;
            case '0': printf("\t\t 谢谢使用本系统！ \n"); exit(0);       break;
            default: printf("\n\t\t 输入错误,请重新选择！ ");
        }
    }
    return 0;
}

// 函数功能：显示欢迎界面
void welcome()
{   system("cls");
    printf("\n\t\t||====================================||");
    printf("\n\t\t||------------------------------------||");
```

```
        printf("\n\t\t||-------------    Welcome    --------------||");
        printf("\n\t\t||-----------   use bus traffic   -------------||");
        printf("\n\t\t||--------------    card    --------------||");
        printf("\n\t\t||-----------------------------------------||");
        printf("\n\t\t||=========================================||");
        Sleep(2000);
}
// 函数功能：显示菜单界面
void menu()
{   system("cls");
    printf("\n");
    printf("\n\t\t|------------------------------------------|");
    printf("\n\t\t|------------Please input (0-7)------------|");
    printf("\n\t\t|------------------------------------------|");
    printf("\n\t\t|                1. 创建文件               |");
    printf("\n\t\t|                2. 显示信息               |");
    printf("\n\t\t|                3. 注销旧卡               |");
    printf("\n\t\t|                4. 添加新卡               |");
    printf("\n\t\t|                5. 坐车刷卡               |");
    printf("\n\t\t|                6. 卡内续钱               |");
    printf("\n\t\t|                7. 统计数据               |");
    printf("\n\t\t|                0. 退出系统               |");
    printf("\n\t\t|------------------------------------------|");
    printf("\n\t\t\t");
}


// 函数功能：创建文件
void create()
{   CARD t={0};
    char choose='y';
    FILE *fp=NULL;

    fp=fopen("CardData.dat","wb");            // 仅为写信息打开已有的二进制文件
    if(fp==NULL)
    {    printf("\t\t 打开文件失败！\n"); exit(0);}

    t.cnum=0;
    while(choose=='Y' || choose=='y')
```

```
{   system("cls");
    t.cnum++;
    printf("\n\t 请输入用户名 :");
    scanf("%s",t.pname);
    printf("\n\t 卡内存多少钱？ ");
    scanf("%lf",&t.cmoney);
    printf("\n\t 是学生吗（0: 不是 / 1: 是）？ ");
    scanf("%d",&t.stu);
    t.flag=0;                            // 卡能正常使用

    fwrite(&t,sizeof(t),1,fp);           // 将一个数据块写入当前文件指针处

    if(t.cnum<N)
        do
        {   printf("\n\t 继续添加用户吗（y 或 Y: 继续，n 或 N: 停止）？ ");
            scanf(" %c",&choose);
        } while(choose!='Y' && choose!='y' && choose!='N' && choose!='n');
    else
    {   printf("\t 数据库已满 \n");   break;   }
    }
    fclose(fp);
}


// 函数功能：显示没被注销的全部记录
void displayall()
{   CARD t={0};
    int f=0;
    FILE *fp=NULL;

    fp=fopen("CardData.dat","rb");              // 仅为读信息打开已有的二进制文件
    if(fp==NULL)
    {   printf("\t\t 打开文件失败！ \n"); exit(0);}

    system("cls");
    printf("\n|----------|----------|----------|----------|");
    printf("\n|    卡号    |   用户名   |  卡内余额   |  乘客信息   |");
    while(1)
    {   f=fread(&t,sizeof(t),1,fp);             // 从文件读取一个数据块
```

```
        if(f!=1) break;                          // 数据已读完
        if(t.flag==0)                            // 如果该卡没被注销,则显示该卡信息
        {    printf("\n|----------|----------|----------|----------|");
             printf("\n|    %5d   |    %8s   |   %7.2lf  |    %3d   |",
                        t.cnum,t.pname,t.cmoney,t.stu);
        }
    }
    printf("\n|----------|----------|----------|----------|");
    printf("\n\n   说明：乘客信息为 1 表示学生卡,否则为成人卡。\n");
    fclose(fp);
    getch();
}
// 函数功能：注销旧卡
void logout()
{    CARD t={0};
    int f=0,symbol=0,cardnumber=0;
    char choose='\0';
    FILE *fp=NULL;

    printf("\n\t 请输入用户卡号：");
    scanf("%d",&cardnumber);

    fp=fopen("CardData.dat","rb+");                    // 为读和写信息打开已有的二进制文件
    if(fp==NULL)
    {    printf("\t\t 打开文件失败！\n"); exit(0);}

    while(1)
    {    f=fread(&t,sizeof(t),1,fp);                    // 从文件读取一个数据块
        if(f!=1)   break;                              // 数据已读完
        if(t.cnum==cardnumber && t.flag!=1)            // 找到卡,并且没有被注销
        {    symbol=1;       break;   }
    }
    if(symbol==0)                                       // 没找到卡
        printf("\n\t 无效卡。\n");
    else                                                // 找到该卡
    {    do
        {    printf("\n\t 确实注销 %d 号卡吗（y 或 Y: 注销，n 或 N: 不注销）?",cardnumber);
             scanf(" %c",&choose);
        } while(choose!='Y' && choose!='y' && choose!='N' && choose!='n');
```

```
        if(choose=='Y' || choose=='y')
        {    printf("\n\t 请退还 %0.2lf 元。\n",t.cmoney);
             getch();
             t.cmoney=0;
             t.flag=1;
             fseek(fp,-sizeof(t),SEEK_CUR);        // 定位文件指针到当前光标处的前一个数据块
             fwrite(&t,sizeof(t),1,fp);            // 将一个数据块写入当前文件指针处
             printf("\t 注销旧卡成功！\n");
        }
        else
           printf(" 没有注销,操作终止 \n");
    }
    fclose(fp);
    getch();
}


// 函数功能：添加新卡
void addnew()
{   CARD t={0};
    int f=0,num=0,symbol=0;
    FILE *fp=NULL;

    fp=fopen("CardData.dat","rb+");           // 为读和写信息打开已有的二进制文件
    if(fp==NULL)
    {    printf("\t\t 打开文件失败！\n"); exit(0);}

    while(1)
    {    f=fread(&t,sizeof(t),1,fp);           // 从文件读取一个数据块
        if(f!=1)  break;                       // 数据已读完
        num++;
        if(t.flag==1)
        {    symbol=1;     break;     }
    }
    if(symbol==0)
    {    num++;                                 // 如果没有被注销,总人数加 1
        if(num>N)
        {    printf("\t 数据库已满 \n"); exit(0); }
        t.cnum=num+1;
    }
```

```
            else
                t.cnum=num;
        printf("\n\t 请输入用户名 :");
        scanf("%s",t.pname);
        printf("\n\t 卡内存多少钱？ ");
        scanf("%lf",&t.cmoney);
        printf("\n\t 是学生吗（0: 不是 / 1: 是）？ ");
        scanf("%d",&t.stu);
        t.flag=0;
        if(symbol==0)
        {   fseek(fp,0,SEEK_END);                      // 定位文件指针到文件最后
            fwrite(&t,sizeof(t),1,fp);                 // 将一个数据块写入当前文件指针处
        }
        else
        {   fseek(fp,-sizeof(t),SEEK_CUR);             // 定位文件指针到当前光标处的前一个数据块
            fwrite(&t,sizeof(t),1,fp);                 // 将一个数据块写入当前文件指针处
        }
        fclose(fp);
        printf("\t 添加新卡成功！ \n");
        getch();
}


// 函数功能：坐车刷卡
void readcard()
{   CARD t={0};
    int symbol=0,cardnumber=0,f=0;
    double ticket=0;
    FILE *fp=NULL;

    printf("\n\t 请输入用户卡号 : ");
    scanf("%d",&cardnumber);
    fp=fopen("CardData.dat","rb+");                    // 为读和写信息打开已有的二进制文件
    if(fp==NULL)
    {   printf("\t\t 打开文件失败！ \n"); exit(0);}

    while(1)
    {   f=fread(&t,sizeof(t),1,fp);                    // 从文件读取一个数据块
        if(f!=1) break;                                // 数据已读完
        if(t.cnum==cardnumber && t.flag!=1)            // 找到卡，并且没有被注销
```

```
        {   symbol=1;          break;   }
    }
    if(symbol==0)                            // 没找到卡
    {   printf("\n\t 无效卡,请付现金 1 元。\n");
        getch();
    }
    else                                     // 找到该卡
    {   if(t.stu==1)                         // 学生卡
            ticket=0.5;
        else
            ticket=1;                        // 成人卡
        if(t.cmoney>=ticket)                 // 卡内余额是否够本次乘车的车票钱
        {   t.cmoney=t.cmoney-ticket;
            printf("\t 扣除 %.2lf 元,余额是 %.2lf 元。\n",ticket,t.cmoney);
            getch();
        }
        else                                 // 卡内余额不够车票钱时,提示用户支付现金
        {   printf("\n\t 余额不足,请付现金 1 元。\n");
            getch( );
            return;
        }
        fseek(fp,-sizeof(t),SEEK_CUR);       // 定位文件指针到当前光标处的前一个数据块

        fwrite(&t,sizeof(t),1,fp);           // 将一个数据块写入当前文件指针处
    }
    fclose(fp);
}


// 函数功能:卡内续钱
void savemoney()
{   CARD t={0};
    int cardnumber=0,cardmoney=0,f=0,symbol=0;
    FILE *fp=NULL;

    printf("\n\t 请输入用户卡号 : ");
    scanf("%d",&cardnumber);

    fp=fopen("CardData.dat","rb+");          // 为读和写信息打开已有的二进制文件
    if(fp==NULL)
```

```
    {    printf("\t\t 打开文件失败！\n"); exit(0);}


    while(1)
    {    f=fread(&t,sizeof(t),1,fp);                    // 从文件读取一个数据块
         if(f!=1) break;                                // 数据已读完
         if(t.cnum==cardnumber && t.flag!=1)            // 找到卡，并且没有被注销
         {    symbol=1;        break;    }
    }
    if(symbol==0)                                       // 没找到卡
        printf("\n\t 无效卡。");
    else                                                // 找到该卡
    {    do
         {    printf("\n\t 请输入续钱金额：");
              scanf("%d",&cardmoney);
              if(cardmoney<=0)
                    printf("\n\t 输入错误,请再输入一次：");
              else
                  break;
         } while(1);
         t.cmoney=t.cmoney+cardmoney;
         printf("\n\t 续钱成功,卡内余额是 %.2lf 元。\n",t.cmoney);
         fseek(fp,-sizeof(t),SEEK_CUR);        // 定位文件指针到当前光标处的前一个数据块
         fwrite(&t,sizeof(t),1,fp);            // 将一个数据块写入当前文件指针处
    }
    fclose(fp);
    getch();
}


// 函数功能：计算所有用户的余额总和、有效卡数、学生卡数和成人卡数
void total()
{    CARD t={0};
    int f=0,user=0,student=0,adult=0;
    double sum=0;
    FILE *fp=NULL;

    fp=fopen("CardData.dat","rb");            // 为读和写信息打开已有的二进制文件
    if(fp==NULL)
    {    printf("\t\t 打开文件失败！\n"); exit(0);}


    while(1)
    {    f=fread(&t,sizeof(t),1,fp);                    // 从文件读取一个数据块
         if(f!=1) break;                                // 数据已读完
```

```
        sum=sum+t.cmoney;
        if(t.flag==0)
        {   user++;
            if(t.stu==1)
                student++;
            else
                adult++;
        }
    }
    fclose(fp);
    printf(" 余额总和 : %.2lf,有效卡数为 : %d,学生卡数为 : %d,成人卡数为 : %d\n",sum,user,
        student,adult);
    getch();
}
```

8.5 本 章 总 结

1．文件指针

FILE（必须大写）类型是 C 语言声明的一种结构体类型,该类型中存放文件名、文件位置等信息。

用"FILE *fp=NULL;"定义一个指向文件的指针变量,可以通过语句"fp=fopen(" 文件名 "," 打开模式 ");"将文件信息区起始地址赋给指针变量 fp,以便通过该指针变量找到与它相关的文件。如果需要同时对多个文件进行操作,应定义相同数目的指针变量,而且使它们分别指向这些文件,以实现对文件的访问。

2．文件的打开与关闭方法

对文件进行操作之前,必须先打开该文件；使用结束后,应立即关闭,以免数据丢失。

打开文件的一般形式如下：

文件指针名 =fopen(" 文件名 "," 打开模式 ");

其中,"打开模式"的含义如表8.1所示。

表 8.1 "打开模式"的含义及说明

打开模式	含　义	说　明
r	只读	为输入打开一个文本文件
w	只写	为输出打开一个文本文件
a	追加	在文本文件尾增加数据
rb	只读	为输入打开一个二进制文件
wb	只写	为输出打开一个二进制文件
ab	追加	在二进制文件尾增加数据

关闭文件的一般形式如下：

fclose(文件指针名);

执行语句"fclose(文件指针名);"后，将文件指针指向的文件关闭，即释放文件信息区。

3．文本文件的读 / 写方法

C 语言使用 fscanf( ) 函数按格式读文本文件，其一般形式如下：

fscanf(文件指针名，格式说明符，输入项表);

如语句"fscanf (fp,"%d%d",&a,&b);"从 fp 所指文件中读入两个整数，放入变量 a 和 b 中。

C 语言使用 fprintf( ) 函数按格式写文本文件，其一般形式如下：

fprintf(文件指针名，字符串);

或

fprintf(文件指针名，格式说明符，输出项表);

如语句"fprintf (fp,"%d%d",x,y);"把 x,y 中的数据按 %d 格式输出到 fp 所指的文件中。

在实际应用中，常常要求一次读或写一个数据块。为此，C 语言设置了 fread( ) 和 fwrite( ) 函数。它们一般用于读、写二进制文件。

按数据块形式读二进制文件的一般形式如下：

fread(数据块地址，数据块字节数，数据块个数，文件指针);

使用 fwrite( ) 函数将数据块写到文件的一般形式如下：

fwrite(数据块地址，数据块字节数，数据块个数，文件指针);

其中，数据块字节数常用 sizeof(数据类型) 求得。

4．判断文件结束

在对文件执行读入操作时，常使用库函数 feof(文件指针) 来判断文件是否结束。若文件结束，feof( ) 函数返回 1；若文件没结束，feof( ) 函数返回 0。

C 语言还有一些与文件有关的函数，由于篇幅有限，本书没有介绍。

思 考 题

1．在实例 8.2 中，能否执行语句"fp=fopen("d:\\f8_1.txt","rb");"正确打开 d:\ f8_1.txt 文件？

2．能否用 fscanf( ) 函数正确读二进制文件？

3．为什么要关闭文件？

上机练习

1. 用表8.2提供的课表创建文本文件"d:\list.txt"。

表8.2 课表

星　期	课程1	课程2	课程3	课程4	课程5	课程6
Monday	Chinese	Math	English	Physics	Chemistry	Math
Tuesday	Chinese	Math	English	Physics	Chemistry	Math
Wednesday	Chinese	Math	English	Physics	Chemistry	Math
Thursday	Chinese	Math	English	Physics	Chemistry	Math
Friday	Chinese	Math	English	Physics	Chemistry	Math

2. 从文件d:\list.txt中读入课表，并将其显示在屏幕上。

3. 定义能正确表示表8.3中记录内容的结构体类型，读入五个学生的学号、姓名和数学成绩，存入结构体数组，并将数组内容存放于文件d:\score1.txt中。

表8.3 数学成绩单

学　号	姓　名	数学成绩/分
20334401	李丽	92
20334402	潘磊	58
20334403	卢燕	84
20334404	张鑫	79
20334405	赵立新	100

4. 定义能正确表示表8.4中记录内容的结构体类型，从文件d:\score1.txt中读入学生的学号、姓名，再输入对应的英语成绩，最后将所有记录依次存放于文件d:\score2.txt中。

表8.4 英语成绩单

学　号	姓　名	英语成绩/分
20334401	李丽	77
20334402	潘磊	88
20334403	卢燕	99
20334404	张鑫	100
20334405	赵立新	72

5. 定义能正确表示表8.5中记录内容的结构体类型，从文件d:\score1.txt中读入各记录的内容，按"成绩90~100分为A、80~89分为B、70~79分为C、60~69分为D、0~59分为F"计算分数等级，并按"成绩≥60分，获得4学分，成绩<60分，获得0学分"的原则确定所获学分，最后将各数据存入结构体数组，并将数组内容存放于文件d:\score3.txt中。

表 8.5　数学成绩单

学　号	姓　名	数学成绩 / 分	分数等级	所获学分
20334401	李丽	92		
20334402	潘磊	58		
20334403	卢燕	84		
20334404	张鑫	79		
20334405	赵立新	100		

6. 从文件 d:\score3.txt 读入记录，并按数学成绩从高到低的顺序排序后显示在屏幕上。

自　测　题

1. 以下程序运行后的输出结果是_____。

```
#include <stdio.h>
int main(void)
{   FILE *fp;
    int i,k=0;

    fp=fopen("data.dat","w");
    for(i=1;i<4;i++)
        fprintf(fp,"%d",i);
    fclose(fp);
    fp=fopen("data.dat","r");
    fscanf(fp,"%d",&k);
    printf("%d\n",k);
    fclose(fp);
    return 0;
}
```

2. 以下程序的功能是，输出文本文件 test.txt 中除数字之外的其他内容。请填空。

```
#include <stdio.h>
#include <stdlib.h>
int main(void)
{   char ch;
    ____【1】____;
```

```
    if((fp=fopen(____【2】____))==NULL)
    {   printf("Can not open the file!\n");
        exit(0);
    }
    while(!feof(fp))
    {   fscanf(____【3】____,"%c",&ch);
        if(!(ch>='0' && ch<='9'))
                printf("%c",ch);
    }
    ____【4】____;
    return 0;

}
```

3. 以下程序的功能是统计文本文件 ex.txt 中数字 6 的个数。请根据提示补充完整程序。

```
#include <stdio.h>
int main(void)
{   int a=0,n=0;
    FILE *fp=NULL;

    _____           // 为读取数据打开文件 ex.txt
    if(_____)                   // 如果文件打开失败
    {   printf("Can not open the file.\n");
        exit(0);
    }
    while(feof(fp)==0)
    {   _____       // 从文件 ex.txt 中读取一个整数存放在变量 a 中
        _____       // 如果 a 中值为 6,则 n 的值增 1
    }
    _____           // 输出统计出的个数
    fclose(fp);
    return 0;

}
```

4. 假设文件 file.txt 中已存放若干整数,编写程序,计算该文件中所有数据的总和,并输出在屏幕上。

C 语言程序设计（第 4 版）

自测题参考答案

1．123

2．

【1】 FILE ∗fp

【2】 "test.txt","r"

【3】 fp

【4】 fclose(fp)

3．

```
fp=fopen("ex.txt","r");
fp==NULL
fscanf(fp,"%d",&a);
if(a==6)  n++;
printf("n=%d\n",n);
```

4．

```c
#include <stdio.h>
#include <stdlib.h>
int main(void)
{   int a,sum=0;
    FILE ∗fp;

    fp=fopen("file.txt","r");
    if(fp==NULL) { printf("\nError!\n"); exit(0); }
    while(feof(fp)==0)
    {   fscanf(fp,"%d\n",&a);
        sum=sum+a;
    }
    fclose(fp);
    printf("sum=%d\n",sum);
    return 0;
}
```

附　录

附录 A　C 语言关键字

auto	break	case	char	const	continue	default	do
double	else	enum	extern	float	for	goto	if
inline	int	long	register	restrict	return	short	signed
sizeof	static	struct	switch	typedef	union	unsigned	void
volatile	while	_bool	_Complex	_Imaginary			

附录 B　常用字符与 ASCII 码对照表

ASCII 值	控制字符	ASCII 值	控制字符	ASCII 值	控制字符	ASCII 值	控制字符
0	NUL	32	(space)	64	@	96	`
1	SOH	33	!	65	A	97	a
2	STX	34	"	66	B	98	b
3	ETX	35	#	67	C	99	c
4	EOT	36	$	68	D	100	d
5	ENQ	37	%	69	E	101	e
6	ACK	38	&	70	F	102	f
7	BEL	39	'	71	G	103	g
8	BS	40	(	72	H	104	h
9	HT	41	)	73	I	105	i
10	LF	42	*	74	J	106	j
11	VT	43	+	75	K	107	k
12	FF	44	,	76	L	108	l
13	CR	45	–	77	M	109	m
14	SO	46	.	78	N	110	n
15	SI	47	/	79	O	111	o
16	DLE	48	0	80	P	112	p
17	DCI	49	1	81	Q	113	q
18	DC2	50	2	82	R	114	r
19	DC3	51	3	83	S	115	s
20	DC4	52	4	84	T	116	t
21	NAK	53	5	85	U	117	u
22	SYN	54	6	86	V	118	v
23	ETB	55	7	87	W	119	w
24	CAN	56	8	88	X	120	x
25	EM	57	9	89	Y	121	y
26	SUB	58	:	90	Z	122	z
27	ESC	59	;	91	[	123	{
28	FS	60	<	92	\	124		
29	GS	61	=	93	]	125	}
30	RS	62	>	94	^	126	~
31	US	63	?	95	—	127	DEL

附录C 运算符的优先级和结合方向

运算符	优先级	结合方向	含 义	举 例
( )	最高1	自左至右	圆括号运算符	1/(a−b)
[ ]			下标运算符	a[0]=1
.			结构体成员运算符	w.score=90
−>			指向结构体成员运算符	p−>score=90
!	2	自右至左	逻辑非运算符	!(a%3)
++、−−			自增、自减运算符	p++、p−−
+			求正运算符	+5
−			求负运算符	−5
*			间接运算符	*p
&			求地址运算符	&x
(类型名)			强制类型转换运算符	(float)x
sizeof			求所占字节数运算符	sizeof(long)
*、/、%	3	自左至右	×、÷、求余运算符	x*y%5
+、−	4	自左至右	+、−运算符	x+3−y
<、<=、>、>=	6	自左至右	<、≤、>、≥运算符	a>=m
==、!=	7	自左至右	=、≠运算符	a!=b
&&	11	自左至右	逻辑与运算符	a>3 && a<=10
‖	12	自左至右	逻辑或运算符	a>3 ‖ a<−2
? :	13	自右至左	条件运算符	a>b ? 1 : 0
= +=、−=、*=、/=、%=	14	自右至左	赋值运算符	a=x+5 a+=2
,	最低15	自左至右	逗号运算符	x=2, x+y

说明：对于相同级别的运算符按它们的结合方向进行。

附录D 常用C库函数

1. 数学函数（要求包含头文件 math.h）

函数名	函数原型说明	功能	返回值	说 明
abs	int abs(int x);	求 |x|	计算结果	$x \in [-32768,32767]$
acos	double acos(double x);	求 arccos x	计算结果	$x \in [-1,1]$
asin	double asin(double x);	求 arcsin x	计算结果	$x \in [-1,1]$
atan	double atan(double x);	求 arctan x	计算结果	
cos	double cos(double x);	求 cos x	计算结果	x 的单位为弧度
exp	double exp(double x);	求 e^x	计算结果	
fabs	double fabs(double x);	求 |x|	计算结果	
log	double log(double x);	求 ln x	计算结果	x 为正数
log10	double log10(double x);	求 lg x	计算结果	x 为正数
pow	double pow(double x,double y);	求 x^y	计算结果	
sin	double sin(double x);	求 sin x	计算结果	x 的单位为弧度
sqrt	double sqrt(double x);	求 $\sqrt{x}$	计算结果	x 为非负数
tan	double tan(double x);	求 tan x	计算结果	

2．字符函数（要求包含头文件 ctype.h）

函数名	函数原型说明	功　能	返　回　值
isalnum	int isalnum(int c);	判断 c 是否为字母或数字	是,返回 1；否则,返回 0
isalpha	int isalpha(int c);	判断 c 是否为字母	是,返回 1；否则,返回 0
iscntrl	int iscntrl(int c);	判断 c 是否为控制字符	是,返回 1；否则,返回 0
isdigit	int isdigit(int c);	判断 c 是否为数字	是,返回 1；否则,返回 0
islower	int islower(int c);	判断 c 是否为小写字母	是,返回 1；否则,返回 0
isspace	int isspace(int c);	判断 c 是否为空格、制表符或换行符	是,返回 1；否则,返回 0
isupper	int isupper(int c);	判断 c 是否为大写字母	是,返回 1；否则,返回 0
isxdigit	int isxdigit(int c);	判断 c 是否为十六进制数字	是,返回 1；否则,返回 0
tolower	int tolower(int c);	将 c 中的字母转换成小写字母	返回对应的小写字母
toupper	int toupper(int c);	将 c 中的字母转换成大写字母	返回对应的大写字母

3．字符串函数（要求包含头文件 string.h）

函数名	函数原型说明	功　能	返　回　值
strcat	char *strcat(char *s1,char *s2);	s2 所指字符串接到 s1 后面	s1 所指字符串首地址
strchr	char *strchr(char *s, int c);	在 s 所指字符串中,找出第一次出现字符 c 的位置	找到,返回该位置的地址；否则,返回 NULL
strcmp	int strcmp(char *s1,char *s2);	对 s1 和 s2 所指字符串进行比较	s1 < s2 ,返回负数 s1==s2 ,返回 0 s1 > s2 ,返回正数
strcpy	char *strcpy(char *s1,char *s2);	将 s2 所指字符串复制到 s1 指向的内存空间	s1 所指内存空间地址
strlen	unsigned strlen(char *s);	求 s 所指字符串的长度	有效字符个数
strlwr	char *strlwr(char *s);	s 所指字符串变为小写字母	s 所指内存空间地址
strstr	char *strstr(char *s1,char *s2);	在 s1 所指字符串中,找出 s2 所指字符串第一次出现的位置	找到,返回该位置的地址；否则,返回 NULL
strupr	char * strupr(char *s);	s 所指字符串变为大写字母	s 所指内存空间地址

4．输入 / 输出函数（要求包含头文件 stdio.h,但使用 getch 时需包含 conio.h）

函数名	函数原型说明	功　能	返　回　值
fclose	int fclose(FILE *fp);	关闭 fp 所指的文件,释放文件缓冲区	出错返回非零值；否则,返回 0
feof	int feof(FILE *fp);	判断文件是否结束	遇文件结束返回非零值；否则,返回 0
fgetc	int fgetc(FILE *fp);	从 fp 所指的文件中取得下一个字符	出错返回 EOF；否则,返回所读字符
fgets	char *fgets(char *b, int n, FILE *fp);	从 fp 所指的文件中读取一个长度为 n−1 的字符串,并存入 b 所指存储区	返回 b 所指存储区地址；若遇文件结束或出错返回 NULL
fopen	FILE *fopen(char *filename, char *mode);	以 mode 指定的方式打开名为 filename 的文件	成功,返回文件信息区的起始地址；否则,返回 NULL

函数名	函数原型说明	功　能	返　回　值
fprintf	int fprintf(FILE *fp, char *format, args, ...);	把 args,... 的值以 format 指定的格式输出到 fp 所指定的文件中	返回实际输出的字符数
fputc	int fputc(char c, FILE *fp);	将 c 中字符输出到 fp 所指文件	成功返回该字符；否则，返回 EOF
fputs	int fputs(char *s, FILE *fp);	s 所指字符串输出到 fp 所指文件	成功返回 0；否则，返回非 0
fread	int fread(char *p, unsigned size, unsigned n, FILE *fp);	从 fp 所指文件读取长度为 size 的 n 个数据块存入 p 所指的存储区中	返回读取的数据块个数；若遇文件结束或出错返回 0
fscanf	int fscanf(FILE *fp,char *format, args,...);	从 fp 所指定的文件中按 format 指定的格式把输入数据存入 args, ... 所指的内存中	已输入的数据个数；遇文件结束或出错返回 0
fseek	int fseek(FILE *fp,long offer, int base);	移动 fp 所指文件的位置指针	成功返回当前位置；否则，返回 −1
ftell	long ftell(FILE *fp);	求出 fp 所指文件当前的读 / 写位置	读 / 写位置
fwrite	int fwrite(char *p, unsigned size, unsigned n, FILE *fp);	把 p 所指向的 n*size 个字节输出到 fp 所指文件中	输出的数据块个数
getch	int getch(void);	从标准输入设备读取一个字符，但不回显到屏幕上	返回所读字符；若出错或文件结束返回 −1
getchar	int getchar(void);	从标准输入设备读取一个字符	返回所读字符；若出错或文件结束返回 −1
gets	char gets(char *s);	从标准输入设备读取一个字符串	返回 s
printf	int printf(char *format, args,...);	把 args,... 的值以 format 指定的格式输出到标准输出设备	输出字符的个数
putchar	int putchar(char c);	把 c 输出到标准输出设备	返回输出的字符；若出错，返回 EOF
puts	int puts(char *s);	把 s 所指字符串输出到标准设备，将 '\0' 转换成回车换行符	返回换行符；若出错，返回 EOF
scanf	int scanf(char *format,args,...);	从标准输入设备按 format 指定的格式把输入数据存入到 args,... 所指的内存中	返回已输入的数据个数；出错返回 0

5. 其他函数（以下函数要求包含头文件 stdlib.h）

函数名	函数原型说明	功　能	返　回　值
malloc	void *malloc(unsigned s);	分配一个 s 个字节的存储空间	返回分配内存空间的地址；如不成功返回 0
calloc	void *calloc(unsigned n, unsigned s);	分配 n 个数据项的内存空间，每个数据项占 s 个字节	返回分配内存空间的地址；如不成功返回 0
realloc	void *realloc(void *p, unsigned s);	将 p 所指内存区的大小改为 s 个字节	新分配内存空间的地址；如不成功返回 0
free	void free(void p);	释放 p 所指的内存区	

续表

函数名	函数原型说明	功　能	返　回　值
rand	int rand (void);	产生 0 ～ 32767 的随机整数	返回所产生的整数
srand	void srand(unsigned seed);	建立由 rand 产生的序列值的起始点	
exit	void exit(int status);	使程序立即正常终止	

说明：使用 srand( ) 函数时，在源文件中还要包含头文件 time.h。

附录 E　用 Visual C++ 2010 编写 C 程序

在 1.1.2 小节中介绍了 Visual C++ 6.0 集成环境下编写和运行 C 程序的方法，下面以 Visual C++ 2010 学习版为例，简要介绍用 Visual C++ 2010 编辑、编译和运行 C 程序的步骤。

（1）安装 Visual Studio 2010。Visual C++ 2010 是 Visual Studio 2010 的一部分，因此安装 Visual Studio 2010 才能使用 Visual C++ 2010。Visual Studio 2010 可以在 Windows 7 环境下安装，安装时执行其中的 setup.exe，并按屏幕上的提示进行操作即可。如果已经安装，则跳过此步。

（2）启动 Visual C++ 2010。在 Windows 的"开始"菜单中，选择"所有程序"| Microsoft Visual Studio 2010 Express | Microsoft Visual C++ 2010 Express，就 会 出 现 Microsoft Visual C++ 2010 的"起始页"。

（3）创建项目。与 Visual C++ 6.0 不同，在 Visual C++ 2010 中，必须先建立一个项目，然后在项目中建立文件。在"起始页"中执行"文件"|"新建"|"项目"，出现"新建项目"窗口。在此窗口左侧的 Visual C++ 中选择 Win32，中间选择"Window32 控制台应用程序"，在窗口下方的"名称"栏中输入项目名称 Project1_2，在"位置"栏中输入"D:\C 语言\"或通过"浏览"按钮选择 D 盘上的"C 语言"文件夹（见附图 E.1）。单击"确定"按钮后，屏幕上出现"Win32 应用程序向导"窗口。单击"下一步"按钮，在新出现的窗口中部，选择"控制台应用程序"，并勾选"空项目"（见附图 E.2），然后单击"完成"按钮，屏幕上出现如附图 E.3 所示的项目界面窗口，至此已建立一个新的项目。

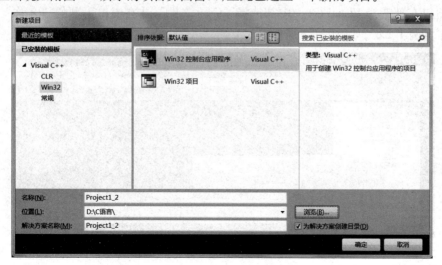

附图 E.1　"新建项目"窗口

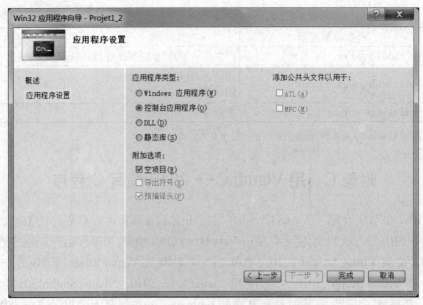

附图 E.2 "Win32 应用程序向导"窗口

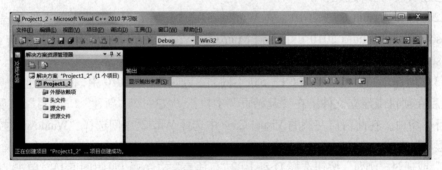

附图 E.3 项目界面

第 4 步：建立文件并编辑 C 程序。在附图 E.3 的窗口中，选择 Project1_2 下面的"源文件"右击，再选择"添加"|"新建项"（见附图 E.4），立即出现"添加新项"窗口。在此窗口左部选择 Visual C++，中部选择"C++ 文件"，并在窗口下部的"名称"栏中输入"实例 1_2.c"，如附图 E.5 所示。

附图 E.4 新建 C 源文件

附图 E.5 "添加新项"窗口

单击"添加"按钮,出现编辑窗口,在此窗口中可以输入 C 源程序,如附图 E.6 所示。

附图 E.6 编辑窗口

第 5 步:编译和连接程序。选择"调试"|"生成解决方案"命令,系统就会对源程序进行编译和连接,并在窗口下部显示编译和连接过程中处理的情况。如果最后一行显示"生成成功",则表示已经生成一个可供执行的解决方案可以运行程序;如果编译和连接过程中出现错误,则会显示出错信息,这时应检查并改正错误后重新编译和连接,直到生成成功为止。

第 6 步:运行程序。选择"调试"|"开始执行(不调试)"命令运行程序。如果"调试"菜单中没有"开始执行(不调试)"命令,则可自行添加。选择"工具"|"自定义"命令,出现自定义窗口,在"命令"选项卡(见附图 E.7)下的菜单栏中选择"调试"项,在下方选择需要添加命令的位置,单击"添加命令"按钮,出现如附图 E.8 所示的添加命令窗口,在"类别"栏中选择"调试"命令,在"命令"栏中选择"开始执行(不调试)"项,单击"确定"按钮,"开始执行(不调试)"即添加到了调试菜单中。

附图 E.7 "自定义"窗口

附图 E.8 "添加命令"窗口

较长程序在运行过程中出现的错误常常是难以找到的,这时可以采用调试程序的方式。"调试"菜单下的"逐语句""逐过程""启动调试"等命令都用于调试程序。

说明：在保存好的项目文件夹下,出现很多文件,其中扩展名为".sln"的文件是解决方案的文件,该文件中包含所有项目文件的信息,双击该文件,可以打开该解决方案下的所有项目文件;扩展名为".vcxproj"的文件是创建的工程文件;扩展名为".exe"的文件是可执行文件,该文件在解决方案的 Debug 文件夹下。

附录 F　C 语言常见编译错误的中英文对照表

---

fatal error C1004: unexpected end of file found

中文对照：发现异常的文件结尾

分析：函数结尾缺少结束的"}"

---

fatal error C1083: Cannot open include file: 'xxx.h': No such file or directory

中文对照：不能打开包含头文件"xxx.h"，没有该文件或路径

分析：头文件不存在或头文件名书写错误

---

error C2054: expected '(' to follow 'main'

中文对照：main 之后需要"("

分析：main( ) 函数之后缺少"( )"

---

error C2001: newline in constant

中文对照：常量中创建新行

分析：分多行书写了字符串常量，如 printf( ) 函数中要显示的内容写在了两行中

---

error C2018: unknown character '0xhh'

中文对照：未知的字符 0xhh

分析：程序中输入了中文标点符号

---

error C2048: more than one default

中文对照：多于一个 default 语句

分析：switch 语句体中只能有一个 default 语句，需要删除多余的 default 语句

---

error C2050: switch expression not integral

中文对照：switch 表达式不是整型的

分析：switch 后的表达式必须是整型或字符型，如"switch (25.3)"中的表达式为 double 等类型时会出现此类错误提示

---

error C2051: case expression not constant

中文对照：case 表达式不是常量

分析：case 后的语句标号应为常量表达式，如"case s"中 s 为变量时是非法的

---

error C2057: expected constant expression

中文对照：期待常量表达式

分析：定义数组时数组长度使用了变量，如"int n=10; int a[n];"中 n 为变量，是非法的

---

error C2065: 'xxx' : undeclared identifier

中文对照：未定义的标识符"xxx"

分析：程序中有变量、数组等未定义、拼写错误或未区分大小写等

---

error C2078: too many initializers

中文对照：初始值过多

分析：初始化数组时初始值的个数多于数组的长度，如"int a[5]={1,2,3,4,5,6};"

---

error C2086: 'xxx' : redefinition

中文对照：标识符"xxx"重定义

分析：存在变量名、数组名重名的问题

C 语言程序设计（第 4 版）

---

error C2100: **illegal indirection**

中文对照：非法的间接访问运算符"*"

分析：对非指针变量使用"*"取内容运算

---

error C2106: **'operator': left operand must be l-value**

中文对照：操作符的左操作数必须是左值

分析：例如"x+y=5;"语句，"="的左值必须为变量

---

error C2120: **'void' illegal with all types**

中文对照：void 类型不能和其他类型搭配

分析：自定义函数中有 return 返回值的语句，但定义函数时将其返回值定义成了 void

---

error C2143: **syntax error : missing ')' before ';'**

中文对照：在分号前丢失了"）"

分析：函数调用或表达式中的括号没有成对出现等

---

error C2146: **syntax error : missing ';' before identifier 'xxx'**

中文对照：语法错误：在标识符"xxx"前丢失了";"

分析：在"xxx"前缺少";"

---

error C2181: **illegal else without matching if**

中文对照：非法的没有与 if 相匹配的 else 语句

分析：在 if...else... 语句中可能多加了";"；复合语句中使用或未使用"{}"而使 if、else 不匹配

---

error C2198: **'xxx' : too few actual parameters**

中文对照：实参太少

分析：通常是函数调用时指定了实参的类型

---

error C2449: **found '{' at file scope (missing function header?)**

中文对照：在文件范围内发现"{"（函数头部丢失？）

分析：缺少函数首部，或者在函数首部所在行的末尾加了";"

---

error LNK2001: **unresolved external symbol _main**

中文对照：未处理的外部标识 main

分析：通常是 main 书写错误，如"void mian()"

---

error LNK2005: **_main already defined in Cpp1.obj**

中文对照：已经在 Cpp1.obj 文件中定义 main() 函数

分析：通常是在没有关闭一个程序工作区的情况下又编写了另一个程序，导致出现了多个 main() 函数

---

warning C4013: **'xxx' undefined; assuming extern returning int**

中文对照："xxx"未界定，假设外部返回整型

分析：调用了库函数，但没加包含头文件；或者调用了自定义函数，但未定义该函数

---

warning C4067: **unexpected tokens following preprocessor directive - expected a newline**

中文对照：预处理命令后出现意外的符号 - 期待新行

分析：在"#include xxx"命令行后面加了";"，删除";"即可

---

warning C4101: **'xxx' : unreferenced local variable**

中文对照：没有引用的变量"xxx"

分析：程序中定义了变量，但是没有引用该变量，删除该变量的定义即可

---

warning C4716: **'xxx' : must return a value**

中文对照：函数"xxx"应有返回值

分析：函数 xxx 中应该通过 return 语句返回一个值，但在函数定义中没有 return 语句

---

warning C4244: **'=' : conversion from 'type1' to 'type2', possible loss of data**

中文对照：赋值运算，数据类型 1 转换为数据类型 2，可能会丢失数据

分析：编程时需正确定义变量的类型，数据类型 1 为 float 或 double、数据类型 2 为 int 时，有可能运算结果不正确，数据类型 1 为 float、数据类型 2 为 double 时，不影响程序结果，可忽略该警告提示

---

warning C4552: **'operator':operator has no effect; expected operator with side-effect**

中文对照：运算符无效果；期待副作用的操作符

分析：例如"a+3;"语句，"+"运算无意义

---

warning C4700: **local variable 'xxx' used without having been initialized**

中文对照：变量"xxx"在使用前未初始化

分析：变量未赋值，结果有可能不正确

参 考 文 献

[1] 谭浩强 . C 程序设计 [M]. 5 版 . 北京：清华大学出版社，2017.

[2] 李红豫, 等 . C 程序设计教程 [M]. 4 版 . 北京：清华大学出版社，2018.

[3] 徐金梧, 等 . Turbo C 使用大全 [M]. 北京：北京科海电子出版社，1990.